HEINZ SCHRÖDER

# Das statische Voltmeter

## Eine Darstellung seiner Bedeutung für den modernen Physikunterricht

Mit 63 Bildern

FRIEDR. VIEWEG & SOHN
BRAUNSCHWEIG

ISBN 978-3-663-00239-0 ISBN 978-3-663-02152-0 (eBook)
DOI 10.1007/978-3-663-02152-0

1964

# Vorwort

Seit einer Reihe von Jahren werden im Physikunterricht der Gymnasien Grundversuche zur Einführung in die wichtigsten Erkenntnisse der Atomphysik durchgeführt. Diese erfreuliche Entwicklung wurde dadurch ermöglicht, daß die Lehrmittelindustrie geeignete Meßinstrumente zur Verfügung stellte. Heute besitzen viele Schulen einen sogenannten Meßverstärker, der es gestattet, Ionisationsströme in der Größenordnung von $10^{-11}$ A noch mühelos und sicher zu messen.

Diese bewundernswerten Instrumente sind Meisterwerke der Elektronik und in ihrem Aufbau und ihrer Wirkungsweise den Benutzern, zumindest den Schülern, nicht ohne weiteres offenkundig. Diesem Sachverhalt entspricht der Preis, und es ist daher sicher nicht möglich und zu verantworten, daß eine Schule etwa mehrere Exemplare dieser Instrumente anschafft, um Schülerübungen zu veranstalten. Man müßte sich daher mit Demonstrationsversuchen begnügen.

Im Rahmen der Reform des Oberstufenunterrichts an den Gymnasien ist es jedoch inzwischen eine vordringliche Aufgabe des Physikunterrichts geworden, die Schüler selbst an die wichtigsten Grundversuche der Oberstufenphysik heranzuführen. Dies erfordert ein Meßinstrument, das in seiner Leistungsfähigkeit dem Meßverstärker nicht wesentlich nachsteht und zu einem vertretbaren Preise beschafft werden kann; vor allem muß es in seiner Wirkungsweise leicht überschaubar und eine unmittelbare Anwendung der Grundgesetze der Elektrizitätslehre sein, ohne etwa bei seinem Gebrauch besondere Umsicht zu erfordern. Diese Bedingungen erfüllt in nahezu idealer Weise ein statisches Voltmeter (Elektrometer), das seit einigen Jahren als technisches Instrument im Handel ist.

In dem vorliegenden Büchlein wird gezeigt, daß mit diesem Instrument und nur geringem Zubehör eine Fülle einfachster und aufschlußreicher Versuche auch von Schülern selbst durchgeführt werden können. Es wäre erfreulich, wenn hierin möglichst viele Physiklehrer eine lohnende Aufgabe für die Vertiefung des Physikunterrichts erkennen würden.

Herrn Dr. H. Kröncke, Hannover, danke ich für die vielen Anregungen, durch die mancher Versuch günstiger gestaltet werden konnte, dem Verlage Friedr. Vieweg & Sohn, Braunschweig, für die freundliche Förderung dieser Veröffentlichung.

Im Januar 1964

Dipl.-Math. Heinz Schröder
Oberstudienrat

# Inhaltsverzeichnis

# I. Vorbemerkungen

Für die Entwicklung der Physik ist das Elektroskop in seiner einfachsten Gestalt von großer Bedeutung gewesen. Es besteht aus einem metallischen Gehäuse G (Bild 1), in das ein Metallstab T, an einem Isolierstück J befestigt, hineinragt. An T ist der ebenfalls metallische Zeiger Z angebracht, der entweder durch eine Feder oder durch stabile Aufhängung eine Rückstellkraft besitzt.

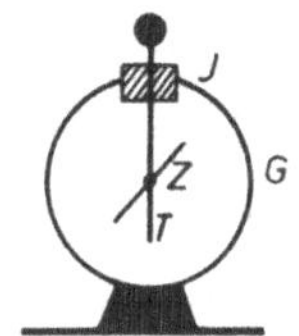


Bild 1
Gewöhnliches Elektrometer

Mit derartigen Elektroskopen hat das Ehepaar Curie die sehr kleinen Ionisationsströme gemessen, die durch radioaktive Prozesse entstehen. Sie erreichten damals schon eine große Meßgenauigkeit, indem sie die Entladegeschwindigkeit des einmal aufgeladenen Elektroskops beobachteten.

Es gibt heute noch Elektrometer, die sogenannten Braunschen Elektrometer, die sich eng an diesen Grundtyp des Elektroskops anschließen. Leider haben sie zwei entscheidende Nachteile, die ihrer universalen Verwendung als statische Voltmeter entgegenstehen: Die elektrostatischen Kräfte zwischen den relativ kleinen Metallteilen T und Z sind nur dann bedeutend, wenn hohe Spannungen an das Elektrometer angelegt werden; im allgemeinen sind 500 V im Anfang gerade noch ablesbar. Außerdem dauert es geraume Zeit, bis der Instrumentenzeiger bei einer Messung zur Ruhe kommt.

Es sind daher im Laufe der Zeit andere Elektrometer konstruiert worden, bei denen diese Nachteile nicht so sehr hervortreten.

Hier ist zunächst das Zweifadenelektrometer zu nennen (Bild 2). Zwei leitende Fäden sind parallel nebeneinander angeordnet und gegen das Gehäuse isoliert. Werden die Fäden aufgeladen, stoßen sie sich gegenseitig ab und werden von dem Gehäuse durch Vermittelung der beiden Metallbügel A angezogen. Wenn der Abstand der beiden Fäden gering ist, reagiert dieses Elektrometer schon bei kleinen Spannungen und stellt sich sehr schnell ein. Doch hat dieses Instrument den Nachteil, daß die Ausschläge im ganzen recht klein sind und daher nur in einer stark vergrößernden Projektion beobachtet werden können.

Bild 2
Zweifadenelektrometer

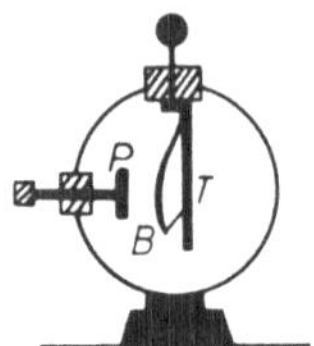


Bild 3
Wulf-Elektroskop

Das Wulfsche Elektroskop ist eine weitere Abwandlung (Bild 3). Bei diesem ist das Blättchen B, das die Rolle des Zeigers Z beim Grundtyp übernimmt, an beiden Enden elastisch an T befestigt und stellt sich dadurch schnell ein. Wesentlich ist aber die Influenzplatte P, die verschoben werden kann und es daher gestattet, die elektrische Feldstärke, die auf B wirkt, zu erhöhen und überhaupt zu regeln. Dadurch läßt sich die Anzeigeempfindlichkeit erheblich steigern. Es kann sogar eine kritische Feldstärke erreicht werden, bei der B instabil wird und an P seine Ladung abgibt. Durch Abzählen der Anschläge pro Sekunde lassen sich daher kleine Ströme bei relativ hohen Spannungen ziemlich bequem messen. Durch diese interessante Eigenschaft hat das Wulf-Elektroskop vor einigen Jahren im Physikunterricht Eingang gefunden. Aber immer noch ist eine Projektion der Ausschläge erforderlich, und es sind zum sicheren Arbeiten des Instrumentes größere Spannungen nötig.

Zum Nachweis kleinerer Spannungen in der Größenordnung von 10 V kann man sich eines bekannten und für die Schüler lehrreichen Kunstgriffs bedienen: Der Träger T wird an seinem oberen Ende zu einem Tischchen ausgebildet. Legt man auf dieses eine Kunststoffolie und eine weitere mit isoliertem Handgriff versehene Metallplatte, so entsteht ein Kondensator. Dieser wird mit der nachzuweisenden Spannung aufgeladen. Hebt man dann die obere Metallplatte wieder ab, so verkleinert man die Kapazität des ganzen Systems und vervielfacht dementsprechend die in ihm wirkende Spannung. Ein quantitatives Arbeiten mit dieser Vorrichtung ist kaum möglich, da sich die Folie schon bei kleinsten Reibungen mit der abnehmbaren Metallplatte merklich auflädt.

## II. Das technische Elektrometer

Die Instrumentenindustrie hat vor einigen Jahren ein Elektrometer entwickelt, das wie jedes andere elektrische Meßinstrument als Zeigerinstrument ausgebildet ist, absolut zuverlässig arbeitet und Spannungen von 50...250 V mühelos abzulesen gestattet *).

Dieses Instrument (Bild 4) soll zunächst beschrieben werden. Anschließend schildern wir eine Anzahl von Versuchen aus der elementaren Elektrizitätslehre und aus dem Gebiete der Atomphysik, bei denen dieses Elektrometer mit Vorteil verwendet werden kann.

Bild 4
Elektrometer als Tischinstrument
(Meßbereich 0...250 V)

Wie jedes Elektrometer besteht auch dieses Instrument im wesentlichen aus einem Kondensator, dessen eine Belegung beweglich angeordnet ist. Nur ist hier der Kondensator besonders deutlich zu erkennen. Es handelt sich um einen regelrechten Drehkondensator, dessen eines Plattenpaket drehbar angeordnet und mit einem Zeiger versehen ist, und das auf eine Torsionsfeder wirkt. Der empfindliche Anschluß ist auf Plexiglas gelegt und das gesamte System luftdicht gekapselt. Ein Einfluß veränderter Luftfeuchtigkeit ist darum ausgeschlossen.

---

*) Dieses Instrument wird von der Firma Dr. H. Kröncke oHG, 3 Hannover 1, Postfach, geliefert.

Dadurch, daß sich zwei Plattenpakete und nicht nur zwei verhältnismäßig kleine Metallteile (Träger und Blättchen) einander gegenüberstehen, ist die Kapazität dieses Instrumentes etwa 10mal so groß wie bei einem der oben besprochenen Elektrometer. Sie liegt in der Größenordnung von 50 pF. Wir werden sehen, daß dies meßtechnisch völlig ohne Belang ist. Dadurch wird es aber möglich, schon relativ kleine Spannungen abzulesen, denn die im Instrument gespeicherte Ladung Q ist durch das Produkt $Q = C \cdot U$ bestimmt. Die Luft zwischen den Kondensatorplatten wirkt so günstig dämpfend, daß sich der endgültige Zeigerausschlag sehr schnell einstellt. Außerdem ist der Isolationswiderstand extrem hoch, in der Größenordnung von $10^{15}\,\Omega$, so daß mehrere Stunden vergehen, bis sich das Instrument zur Hälfte entladen hat.

Welche Vorteile das Instrument für den Physikunterricht bietet, liegt auf der Hand. Der Unterricht in der elementaren Elektrizitätslehre ist nur dann korrekt, wenn die Ströme zunächst mit einem Hitzdrahtamperemeter und die Spannungen mit einem Elektrometer gemessen werden, denn beide Instrumente beruhen auf Erscheinungen, die die Schüler unmittelbar einsehen. Die magnetischen Wirkungen des elektrischen Stromes werden erst sehr viel später behandelt. Es ist doch wohl ein schwerer methodischer Mangel, das Ohmsche Gesetz mit Instrumenten auszumessen, die selbst nur mit Hilfe des Ohmschen Gesetzes geeicht sein können.

Ein Hitzdrahtamperemeter - das sei hier nebenbei bemerkt - läßt sich sehr leicht eichen, indem es zunächst mit der größten Stromstärke betrieben wird, die es verträgt, und indem man dann nacheinander mit Drähten der gleichen Art und Abmessungen wie der, aus dem das Instrument selbst besteht, einen oder mehrere Nebenschlüsse bildet *).

Das beschriebene Elektrometer hat für die Spannungsmessung zunächst vor Instrumenten, die auf magnetischer Grundlage arbeiten, den unschätzbaren Vorzug, daß es dem Meßobjekt nur kurzzeitig eine sehr geringe elektrische Energie entnimmt und nach Einstellen des endgültigen Ausschlags überhaupt keine mehr. Außerdem kann seine Eichung ebenfalls sehr leicht nachgeprüft werden, und zwar in einer Weise, die der Eichung des Hitzdrahtamperemeters völlig adäquat ist. Man lädt das Elektrometer zunächst bis zum Vollausschlag auf, nachdem man die Kapazität des Instrumentes durch einen parallelgeschalteten Kondensator auf einen Wert gebracht hat, der groß gegenüber der mit dem Zeigerausschlag ver-

*) Leider sind heute Hitzdrahtamperemeter im Handel nicht erhältlich. Es ist aber ein leichtes, sich ein für Demonstrationszwecke geeignetes Modell selbst herzustellen.

änderlichen Kapazität des Instrumentes allein ist. Dann bildet man mit ungeladenen Kondensatoren, die dieselbe Kapazität haben wie der erste, einen oder mehrere kapazitative Nebenschlüsse. Genaueres wird darüber bei Versuch 1.1. gesagt. Der Kondensator braucht zu diesem Zwecke nur in naiver Weise als Gefäß für Elektrizität angesehen zu werden, dessen Füllhöhe die jeweilige Spannung veranschaulicht. Wird ein bis zur Höhe h gefülltes Gefäß mit einem ebenso großen noch leeren Gefäß verbunden, stellt sich die Füllhöhe h/2 ein.

Es scheint zunächst nicht möglich zu sein, kleine Spannungen mit dem Elektrometer zu messen. Bei näherem Zusehen bieten sich jedoch dafür zwei Methoden an:

1. Da die elektrischen Kräfte zwischen den beiden Plattenpaketen nicht linear ansteigen, lassen sich Spannungen in der Größenordnung von 0...50 V nur sehr ungenau ablesen. Die größte Ablesegenauigkeit besteht im Bereiche von 150...200 V. Dort kann eine Spannungsdifferenz von 1...2 V noch gut festgestellt werden. Hat man also eine Spannung von 10 V zu messen, so schaltet man sie beispielsweise in Reihe zu einer Spannung von 150 V und kann den veränderten Ausschlag bequem ablesen.

2. Das oben beim Wulf-Elektroskop geschilderte Verfahren, durch einen dem Elektrometer parallelgeschalteten veränderlichen Kondensator die angelegte Spannung zu vervielfachen, läßt sich nun bei diesem Elektrometer in technisch einwandfreier Weise zum Messen kleiner Spannungen verwenden.

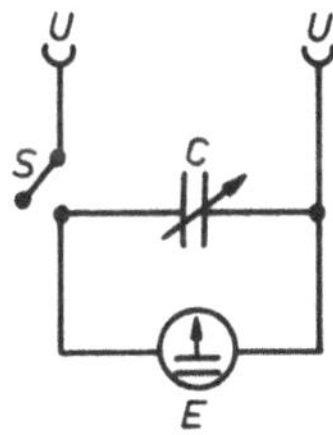


Bild 5
Messung kleiner Spannungen durch Vervielfachung

In Bild 5 ist C ein Drehkondensator (mit Luftdielektrikum) von 1000 pF *), wie er im Rundfunkhandel billig zu haben ist. C wird dem Elektrometer E parallelgeschaltet, wobei zu beachten ist, daß die hochisolierten Anschlüsse von C und E zusammenliegen. Dieses Aggregat wird bei voller Kapazität von C über den Schalter S auf die zu messende Spannung U aufgeladen. Die Gesamtkapazität beträgt in diesem Zustand $(1000 + C_{E0})$ pF, wobei $C_{E0}$ die

*) Eine Kapazität von 500 pF würde ebenfalls brauchbar sein.

Anfangskapazität von E sein möge. Dann wird S wieder geöffnet und C ganz ausgedreht. Dabei vermindert sich die Kapazität von C auf dessen Anfangskapazität $C_0$, und bei E stellt sich ein Zeigerausschlag ein, der der Instrumentenkapazität $C_E$ entspricht. Die Spannung U hat sich demzufolge mit dem Faktor $(1\,000 + C_{E0}) : (C_0 + C_E)$ vervielfacht. Man kann etwa mit dem Faktor 15 rechnen, der allerdings nicht ganz konstant ist, da $C_E$ von der Zeigerstellung abhängt. Wenn man zu U noch eine bekannte Spannung hinzuschaltet, werden auf diese Weise Spannungsdifferenzen von wenigen Zehntelvolt meßbar. Die Apparatur läßt sich nach der Stellung des Drehkondensators C eichen. Dies wird im Versuch 1.5. im einzelnen ausgeführt.

Eine besondere Stärke des beschriebenen Elektrometers ist seine Eignung zum Messen sehr kleiner Ströme, bei denen genügend hohe Spannungen wirksam sind. Das trifft z.B. bei allen Ionisationsstrommessungen zu. Auch hier bieten sich wieder zwei verschiedene Meßmethoden an:

1. An dem Widerstand R (Bild 6) wirke die Spannung U. R sei so groß, daß der Stromfluß nicht mehr mit einem Mikroamperemeter gemessen werden kann. Dann benutzen wir das auf die Spannung U geladene Elektrometer (evtl. unter Hinzuschalten einer anderen bekannten Spannung, um den Meßbereich des Instrumentes günstig einzurichten) als Spannungsquelle für R und beobachten die Entladegeschwindigkeit. Wenn die Spannung von E in 1 s um 1 V absinkt, entspricht dies bei einer Kapazität $C_E$ von 50 pF einem Stromfluß von $50 \cdot 10^{-12} = 5 \cdot 10^{-11}$ A! Sollte diese Empfindlichkeit zu groß sein, kann sie durch einen parallelgeschalteten Kondensator C herabgesetzt werden. Dieses sehr einfache Instrumentarium erreicht also dieselbe Empfindlichkeit wie die handelsüblichen elektronischen Meßverstärker. Das Elektrometer hat diesen gegenüber noch den großen Vorzug, daß störende Wechselfelder keinen Einfluß auf die Messung haben; denn bei einem Meßverstärker tritt dieser unerwünschte Nebeneffekt durch eine Gleichrichterwirkung ein, die hier fortfällt.

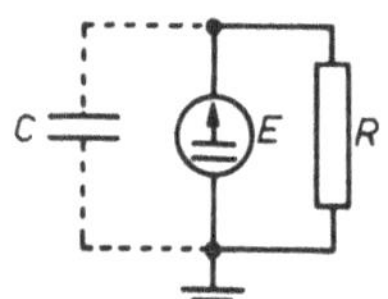


Bild 6
Strommessung nach der Entladungsmethode

2. Einfacher und fast mit derselben Empfindlichkeit lassen sich kleine Ströme auf folgende Weise messen: Man legt vor das Schaltelement (Ionisationskammer, unbekannter Widerstand R) einen Höchstohmwiderstand R', legt

an das Ganze (Bild 7) eine Betriebsspannung $U_0$ und mißt die an R' sich einstellende Spannung U' mit dem Elektrometer. Dann ist I = U'/R' der zu messende Strom, der bei der Spannung $U_0$ - U' durch R fließt. Man braucht dabei nicht zu befürchten, daß der Widerstand, den das Instrument selbst darstellt, die Messung beeinflußt. Auch in feuchter Luft bleibt der hohe Isolationswiderstand von $10^{15}\,\Omega$ weitgehend erhalten. Von dieser Meßmethode werden wir bei den im folgenden geschilderten Versuchen am meisten Gebrauch machen.

Es verdient noch besonders hervorgehoben zu werden, daß diese Meßmethode sowohl für Gleich- als auch für Wechselströme gilt; denn die Kräfte, mit denen sich die Plattenpakete des Elektrometers gegenseitig anziehen, sind von der Polung der angelegten Spannung unabhängig.

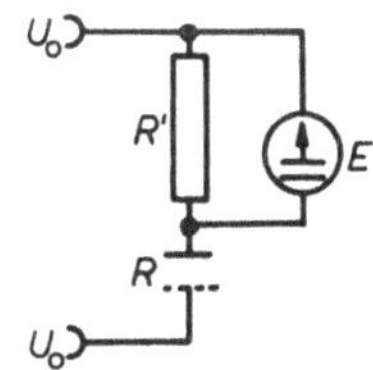


Bild 7
Strommessung aus dem Spannungsabfall an einem Vorwiderstand

Es ist ohne weiteres einleuchtend, daß das Elektrometer auch zum Messen beliebiger, vor allem sehr kleiner Zeiten geeignet ist; denn das Elektrometer benötigt zur Veränderung seines Zeigerausschlages eine bestimmte Ladung. Ist nun der Strom bekannt, mit dem die Aufladung vor sich geht, so kennt man auch die Ladezeit. In Bild 8 ist eine einfache Schaltung für eine solche Zeitmessung angegeben *). Hat die Schalterröhre T ein hohes negatives Gitter-

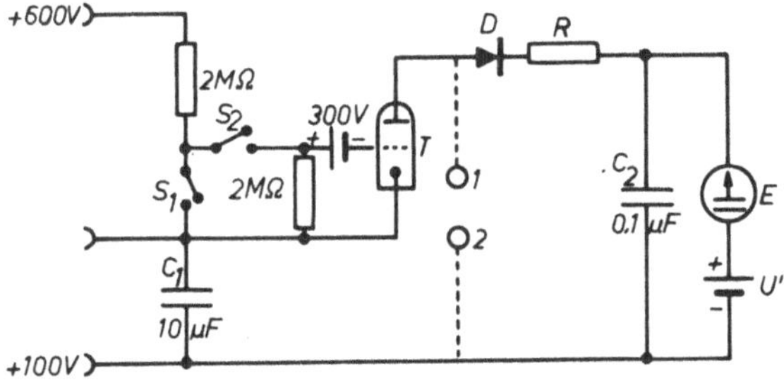


Bild 8
Schaltskizze für das Elektrometer als Zeitmeßgerät

*) Ein solches Zeitmeßgerät liefert die Firma Dr. H. Kröncke, Hannover.

potential $U_G$ von 300 V, was z.B. bei geschlossenen Schaltern $S_1$ und $S_2$ der Fall ist, so ist ihr Widerstand sehr groß, und der mit der Betriebsspannung $U_0 = 100$ V geladene Kondensator $C_1$ von 10 µF kann keine nennenswerte Ladung auf den Kondensator $C_2$ von 0,1 µF und damit auf das Elektrometer übertragen. Wird nun z.B. der Schalter $S_1$ geöffnet, sinkt der Röhrenwiderstand auf ein Minimum herab, und es fließt, solange $S_1$ geöffnet bleibt, Ladung von $C_1$ über die Diode D und den Widerstand R auf $C_2$ und das Elektrometer. Ist der Schalter $S_1$ wieder geschlossen, hört die Ladungsübertragung auf, und die Diode, eine 0A 202 mit einem Sperrwiderstand von $10^9\,\Omega$, hält dann die Ladung genügend lange auf $C_2$ fest, so daß der Elektrometerausschlag in Ruhe abgelesen werden kann. Mit der Hilfsspannung U' erhöht man das Anfangspotential des Elektrometers, um auch kleine Ladungen sicher messen zu können.

Die Elektrometerskala kann ohne weiteres in Zeiteinheiten geeicht werden. Die Meßbereiche stellt man durch Auswechseln von R ein, am praktischsten immer durch Verzehnfachung dieses Widerstandes. Mit einem Widerstand von 1000 Ω lassen sich Zeiten von $10^{-4}$ s noch bequem messen.

Mit den beiden Schaltern $S_1$ und $S_2$ ergeben sich die folgenden Schaltmöglichkeiten:

| Ausgangsstellung | Start | Stop |
|---|---|---|
| 1. $S_1$ und $S_2$ geschlossen | $S_1$ öffnen | $S_1$ schließen |
| 2. $S_1$ und $S_2$ geöffnet | $S_2$ schließen | $S_2$ öffnen |
| 3. $S_1$ und $S_2$ geschlossen | $S_1$ öffnen | $S_2$ öffnen |
| 4. $S_1$ und $S_2$ geöffnet | $S_2$ schließen | $S_1$ schließen |

# III. Versuche mit dem Elektrometer

Um mit dem Elektrometer bequem experimentieren zu können, vor allem, um auch Schülerversuche damit durchführen zu können, muß eine ideale Isolation der mit dem empfindlichen Elektrometeranschluß verbundenen Schaltelemente gewährleistet sein. Deswegen ist ein spezielles Schaltbrett aus Plexiglas entwickelt worden. Die Zubehörteile sind in drei Gruppen zusammengefaßt. Gruppe 1 ist für elementare Versuche aus der Elektrizitätslehre bestimmt, die Gruppen 2 und 3 gehören zu weiterführenden Versuchen aus der Atomphysik *). Die Zubehörteile sind im folgenden bei jedem Versuch genannt, das Schaltbrett und das Elektrometer selbst sind dabei nicht besonders aufgeführt.

Ferner werden die folgenden Geräte für die geschilderten Versuche benötigt und vorausgesetzt: Ein Netzgerät, dem eine regelbare, gut gesiebte Gleichspannung von 250 V und eine Heizspannung von 6 V bei 2 A entnommen werden kann; ein Hochspannungsgerät mit einer regelbaren, gut konstanten Gleichspannung bis zu 4000 V, am besten ein Transistorgerät; eine Anodenbatterie von 90 V, die sich bei den minimalen Leistungen, mit denen sie beansprucht wird, jahrelang hält und im Physikunterricht auch sonst nützliche Dienste leistet; eine Hg-Lampe mit passender Drossel, wofür eine Osram HQL 50 W genügt, deren Glaskolben abgesprengt wurde; schließlich eines der vielfach sowieso für die Schülerübungen vorhandenen Metravos. Dieses Metravo verwenden wir hin und wieder als Hochspannungsvoltmeter. Dazu benützen wir den 180 µA-Meßbereich; schaltet man einen Widerstand von 20 MΩ vor das Instrument, entspricht der Vollausschlag einer Spannung von 3 600 V.

## 1. Versuche zur elementaren Elektrizitätslehre

### 1.1. Nachprüfung der Elektrometereichung mit Nebenschluß-Kondensatoren

Schaltskizze: Bild 9

Zubehörteile: 4 möglichst gleiche Kondensatoren (0,2 µF)
Schalter S
Spannungsnormal $U_0$ (250 V).

---

*) Die Zubehörteile liefert in gesonderten Apparatekästen die bereits erwähnte Firma Dr. H. Kröncke, Hannover.

Ausführung des Versuchs:
Wir prüfen zunächst, ob die vier Kondensatoren gleiche Kapazität haben. Hierzu wird einer der Kondensatoren dem Elektrometer E parallelgeschaltet und auf $U_0$ aufgeladen. Dann schaltet man einen zweiten der vier Kondensatoren in ungeladenem Zustand hinzu und wiederholt diesen Versuch in gleicher Weise mit den anderen Kondensatoren. Bei genau gleichen Kapazitäten muß der Ausschlag von E jedesmal auf denselben Wert zurückgehen. In der Praxis werden Streuungen auftreten.

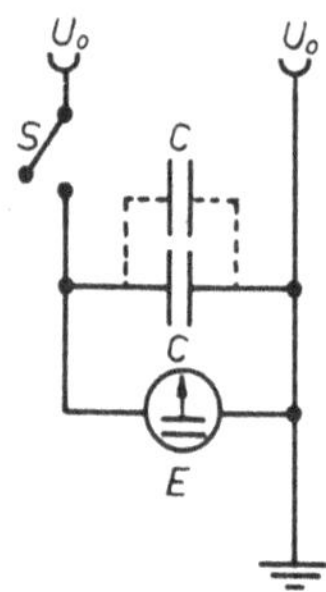


Bild 9
Nachprüfung der Elektrometereichung mit Nebenschluß-Kondensatoren

Man geht daher beim Eichen so vor, daß man einen der Kondensatoren als den zuerst eingesetzten auswählt und die übrigen der Reihe nach an zweiter Stelle. Dann wird ein anderer Kondensator zuerst eingesetzt usf. Der Mittelwert aller Zeigerstellungen kann dann sehr angenähert mit 125 V bezeichnet werden. Eine weitere Meßreihe mit insgesamt drei parallelgeschalteten Kondensatoren (aus den vier vorhandenen verschieden ausgewählt) ergibt die Marke 250/3 V usw.

Ist die Ladespannung $U_0$ beliebig veränderlich (ohne daß die Zwischenwerte bekannt sind), lassen sich auch Zwischenwerte zwischen 125 V und 250 V eichen; z.B. müßte die Ausgangsstellung von $\frac{3}{4} \cdot 250$ V bei Einschalten von drei Kondensatoren zu der schon bekannten Marke von 250/4 V führen.

Der Versuch erfordert selbständige Planungsarbeit und zeigt das charakteristische Verfahren der Mittelwertbildung aus mehreren Meßdaten.

## 1.2. Ausmessung der Äquipotentiallinien eines elektrischen Dipolfeldes

Schaltskizze: Bild 10
Zubehörteile: Papp- oder Sperrholzscheibe (50 x 50 cm)
2 Metallstücke M mit Anschlußbuchsen (als Elektroden)
Spannungsquelle (Netzgerät von 250 V).

Um ein gutes Leitvermögen zu erreichen, feuchten wir die Pappscheibe mit Wasser an und setzen die beiden Metallstücke als Elektroden darauf. Die gegebene Gleichspannung von 250 V wird angelegt, der geerdete Anschluß des Elektrometers mit der einen Elektrode verbunden; der empfindliche Anschluß des Elektrometers wird mit einem flexiblen Kabel und einem mit Isoliergriff ausgestatteten Taster versehen. Mit diesem Taster stellt man Punkte der Scheibe fest, an denen das Elektrometer jeweils die gleiche Spannung anzeigt. Man kreuzt alle diese Stellen an und verbindet sie dann untereinander durch eine Linie.

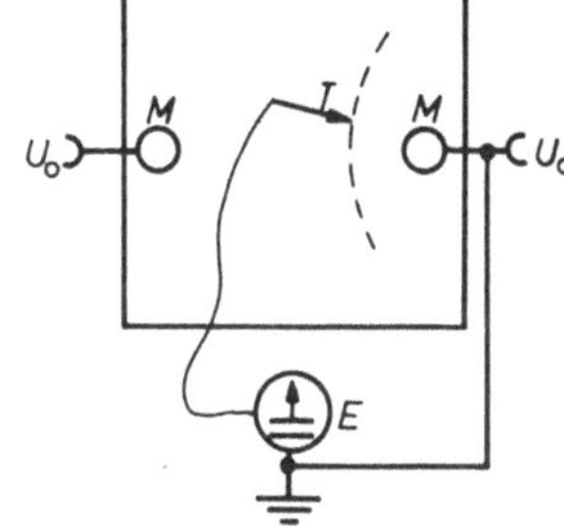


Bild 10
Ausmessung der Äquipotentiallinien eines elektrischen Dipolfeldes

1.3. Aufnahme der Kapazitätskurve des Elektrometers

Schaltskizze: Bild 11

Zubehörteile: $U_0$ regelbare Gleichspannung *) (0...300 V, Netzgerät)
M gewöhnliches Voltmeter (Metravo)
C Keramikkondensator (50 pF).

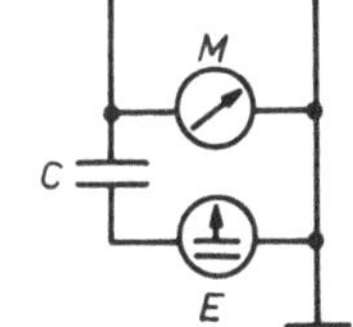


Bild 11
Aufnahme der Kapazitätskurve eines Elektrometers

---

*) Schwierigkeiten können bei diesen Messungen nur durch Restladungen und dadurch auftreten, daß die Kondensatoren einen schlechten Isolationswiderstand haben und die Spannungen sich daher statt nach den Kapazitäten der in Reihe geschalteten Kondensatoren nach deren Isolationswiderständen sehr schnell einrichten. Dies vermeidet man, wenn man anstelle der Gleichspannung eine Wechselspannung verwendet.

Ausführung des Versuchs:

Der feste Kondensator C von 50 pF und der veränderliche Kondensator, den das Elektrometer darstellt, sind in Reihe geschaltet. Die angelegte Spannung $U_0$ verteilt sich in bekannter Weise auf die beiden Kondensatoren. Durch Verändern von $U_0$ läßt sich jede beliebige Zeigerstellung bei E erreichen. Es muß daher möglich sein, auf diese Weise die zu jeder Zeigerstellung von E gehörende Kapazität $C_E$ zu finden.

Eine sichere Erdung der Schaltung ist hier besonders wichtig. Außerdem muß man vor jeder neuen Messung C und E entladen*) und die Spannung $U_0$ immer wieder von Null aus hochregeln.

Zu jeder Spannung $U_0$ notiert man den Ausschlag von E. Bei einer Messung ergaben sich folgende Werte:

| $U_0$ | 71 | 98 | 125 | 158 | 200 | 240 | 285 | 345 | 405 | 515 (V) |
|---|---|---|---|---|---|---|---|---|---|---|
| $U_E$ | 50 | 70 | 90 | 110 | 130 | 150 | 170 | 190 | 210 | 250 (V) |

Die unbekannte Kapazität ergibt sich aus $C_E = 50 \dfrac{U_0 - U_E}{U_E}$ pF .

Also erhalten wir:

| $U_E$ | 50 | 70 | 90 | 110 | 130 | 150 | 170 | 190 | 210 | 250 (V) |
|---|---|---|---|---|---|---|---|---|---|---|
| $U_0 - U_E$ | 21 | 28 | 35 | 48 | 70 | 90 | 115 | 155 | 195 | 265 (V) |
| $C_E$ | 21 | 20 | 20 | 21,8 | 26,8 | 30,0 | 33,7 | 40,6 | 46,4 | 53,0 (pF) |

Der erste Wert hat naturgemäß die geringste Meßgenauigkeit und ist wohl ebenfalls mit etwa = 20 pF anzusetzen.

Die Kapazitätskurve (Bild 12) ist dann besonders wichtig, wenn die Entladegeschwindigkeit des Elektrometers beobachtet wird und aus dem Rückgang des

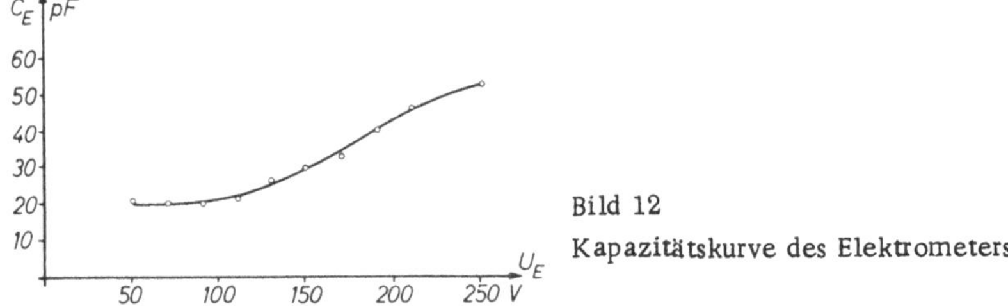


Bild 12
Kapazitätskurve des Elektrometers

Instrumentenzeigers Schlüsse gezogen werden sollen auf die dabei abgegebene Ladung. Die Maßzahl der Fläche unter der gezeichneten Kurve ergibt die Ladung, die von dem Elektrometer bei Entladung von 250 V auf 50 V abfließt.

Es ist eine lohnende Übungsaufgabe, zu überlegen, ob die Kapazitätskurve auch anders gemessen werden kann, etwa dadurch, daß man wie in Versuch 1.1. kapazitative Nebenschlüsse zu E bildet.

## 1.4. Das Messen von großen Spannungen durch kapazitative Spannungsteilung

Schaltskizze: Bild 13

Zubehörteile: $C_1$ Kondensator (0,1 µF bzw. 0,22 µF, Prüfspannung 500 V oder höher)

$C_2$ Kondensator (0,1 µF bzw. 0,22 µF)

$U_x$ unbekannte Spannung.

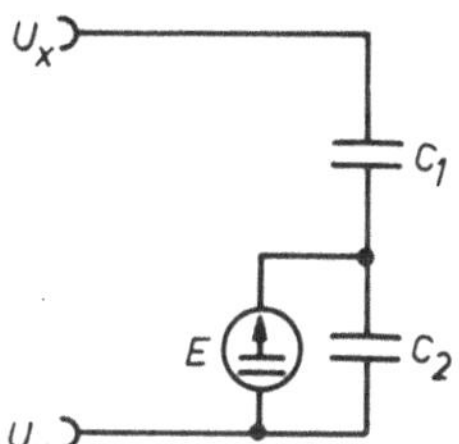


Bild 13
Das Messen großer Spannungen durch kapazitive Spannungsteilung

Ausführung der Messung:

Die zu messende Spannung sei $U_x$. Sie verteilt sich auf die beiden Kapazitäten in bekannter Weise. Die Spannung an $C_2$ wird von dem Elektrometer gemessen; dessen veränderliche Kapazität spielt, da sie sehr viel kleiner ist als die von $C_2$, keine Rolle.

1. Messung: $C_1$ = 0,10 µF gewählt, $C_2$ = 0,22 µF
E zeigt die Spannung $U_E$ = 102 V

2. Messung: $C_1$ = 0,22 µF gewählt, $C_2$ = 0,10 µF
E zeigt die Spannung $U_E$ = 200 V

Auswertung: Aus der Proportion $\frac{C_1}{C_2} = \frac{U_E}{U_x - U_E}$ ergibt sich

$$U_x = \frac{C_1 + C_2}{C_1} \cdot U_E$$

1. $U_x = \frac{0,32}{0,22} \cdot 102\ \text{V} = 325\ \text{V}$

2. $U_x = \frac{0,32}{0,22} \cdot 200\ \text{V} = 290\ \text{V}$ .

Natürlich hängt die Zuverlässigkeit dieser Spannungswerte vor allem davon ab, wie genau die Kapazitätswerte bekannt sind. Es muß daher eine Eichmessung mit einer bekannten Spannung $U_x$ vorausgehen, aus der sich das Kapazitätsverhältnis $C_1/C_2$ ergibt. Auch bei dieser Messung ist zu beachten, daß beide Kondensatoren vorher sorgfältig entladen werden.

Wenn eine zweite (bekannte) Spannung, die kleiner als 250 V ist, zur Verfügung steht und die zu messende Spannung zwischen 250 V und 500 V liegt, ist es sehr viel einfacher, beide Spannungen gegeneinander wirkend in Reihe zu schalten und ohne Kondensatoren direkt an das Elektrometer zu legen.

Verwendet man für $C_1$ einen Luft-Drehkondensator von wenigen Pikofarad, kann man Spannungen von einigen 1 000 V auf die dargestellte Weise messen. Es könnte z.B. die Spannung gemessen werden, die an einer kleinen Funkenstrecke beim Überschlag liegt.

## 1.5. Das Messen kleiner Spannungen durch Viervielfachung

Schaltskizze: Bild 14

Zubehörteile:
- M gewöhnliches Voltmeter (Metravo), nur für die Eichmessung
- S Schalter
- C Drehkondensator (1 000 pF) *)
- $U_H$ Hilfsspannung von 5...6 V (nur für $U_x < 5$ V)
- $U_x$ zu messende Spannung (< 50 V).

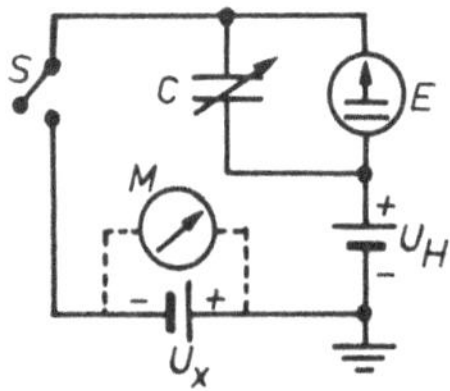


Bild 14
Das Messen kleiner Spannungen durch Vervielfachung

Ausführung der Eichmessung:
Hier wird für Spannungen $U_x$, die kleiner als 50 V sind und darum nicht mehr direkt am Elektrometer abgelesen werden können, das auf S. 11 geschilderte

*) Um ein sicheres Arbeiten mit dem Drehkondensator zu gewährleisten und um zu verhindern, daß sich Feuchtigkeit zwischen den Platten festsetzt, muß er sich in warmer trockener Luft befinden. Es genügt, wenn man ihn über einem elektrisch geheizten schwach glühenden Draht auf dem erwähnten Schaltbrett anbringt.

Prinzip der Spannungsvervielfachung durch Herabsetzen der Instrumentenkapazität angewandt. Der dem Elektrometer parallelgeschaltete Drehkondensator wird zunächst bei seiner vollen Kapazität auf die Spannung $U_X$ aufgeladen und dann so weit ausgedreht, bis das Elektrometer 100 V anzeigt. Damit ist jeder Spannung $U_X$ eine bestimmte Skalenstellung von C zugeordnet. Diese Eichmessung führen wir zunächst mit bekannten $U_X$-Werten, die mit dem Metravo M gemessen werden, durch. Die Skalenteile geben an, um wieviel Grad der Drehkondensator ausgedreht wurde.

Meßbeispiel:

| $U_X$ | 5 | 6 | 7 | 8 | 9 | 10 | 15 | 20 | 30 | 40 | 50 (V) |
|---|---|---|---|---|---|---|---|---|---|---|---|
| C-Skala | 20 | 26 | 31 | 35 | 39 | 45 | 60 | 74 | 95 | 111 | 124 (Grad). |

Die Eichkurve in Bild 15 ist ohne Hilfsspannung $U_H$ aufgenommen. Wird eine solche von 5 V verwendet, so kann $U_X$ von 1 V ab sicher gemessen werden.

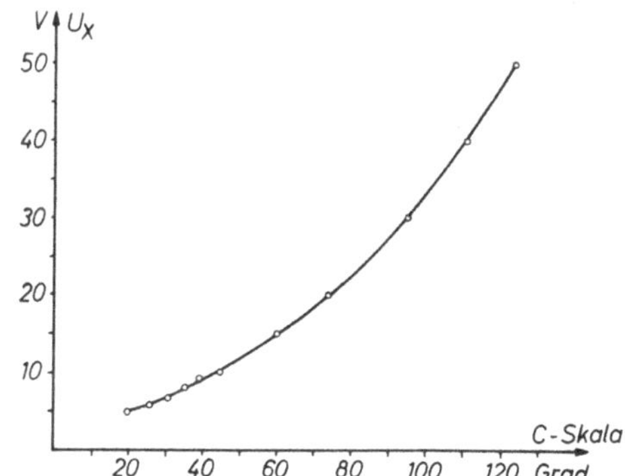


Bild 15
Eichkurve für die Messung kleiner Spannungen durch Vervielfachung

Ein genaueres Verfahren, um Spannungen $U_X$ von 5 V bis etwa 15 V zu messen, ergibt sich dadurch, daß man C jedesmal völlig ausdreht und dann den Ausschlag $U_E$ des Elektrometers feststellt. Hierfür erhalten wir die folgenden Eichwerte (Bild 16):

| $U_X$ (ohne $U_H$) | 5 | 6 | 7 | 8 | 9 | 10 | 12 | 15 (V) |
|---|---|---|---|---|---|---|---|---|
| $U_E$ | 111 | 126 | 142 | 152 | 167 | 177 | 198 | 228 (V) |

Durch Gegenschalten einer bekannten Hilfsspannung kann die zu messende Spannung, wenn sie größer ist als 15 V, in den Bereich von 5...15 V gebracht werden. Es ist dann nützlich, zu untersuchen, welches der beiden Verfahren genauer ist.

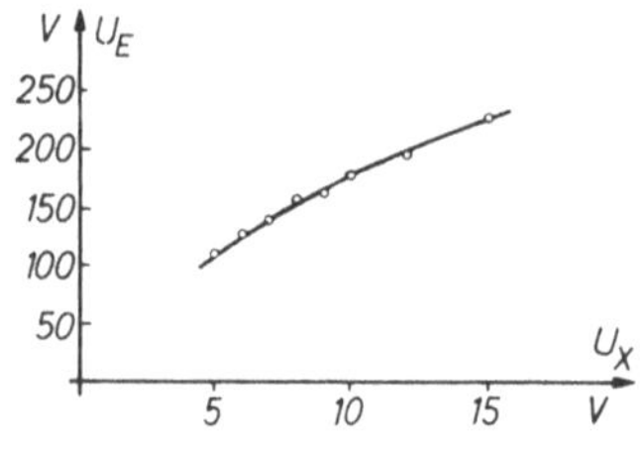


Bild 16
Eichkurve für die Messung von Spannungen von 5...15 V

## 1.6. Das Messen größerer Spannungen durch Erhöhen der Instrumentenkapazität

Schaltskizze: Bild 17

Zubehörteile: M gewöhnliches Voltmeter (Metravo), nur für die Eichmessung
S Schalter
C Drehkondensator (1 000 pF)
$U_X$ zu messende Spannung ( > 250 V).

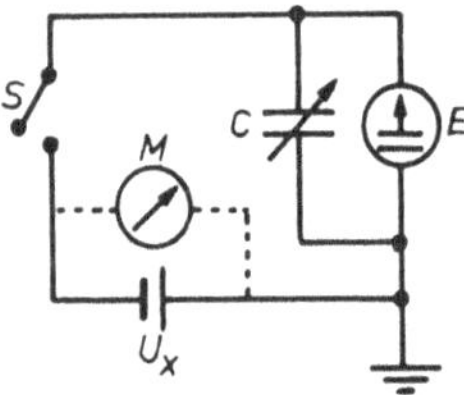


Bild 17
Das Messen größerer Spannungen durch Erhöhen der Instrumentenkapazität

Ausführung der Eichmessung:
Das angewandte Verfahren ist im wesentlichen die Umkehrung des Vorgehens in Versuch 1.5. Der dem Elektrometer E parallelgeschaltete Drehkondensator C wird zunächst auf seine kleinste Kapazität gebracht, d.h. ganz ausgedreht. Dann werden C und E zusammen auf die Spannung $U_X$ aufgeladen. Natürlich hat dies eine Grenze, weil dabei das Elektrometer zunächst überlastet wird; bis $U_X$ = 500 V kann man ohne weiteres gehen, das Instrument wird dabei nicht beschädigt. Nach Öffnen des Schalters S wird die Instrumentenkapazität durch Eindrehen von C solange erhöht, bis die angezeigte Spannung auf 100 V gesunken ist. Wir erhalten die folgenden Meßwerte für die Eichmessung (Bild 18):

| $U_X$ | 250 | 300 | 350 | 400 | 450 | 500 (V) |
|---|---|---|---|---|---|---|
| C-Skala | 72 | 82 | 92 | 101 | 105 | 113 (Grad) |

Auch hier ergeben sich eine Reihe von Fragen, bei deren Lösung selbständige Planung erforderlich ist. So kann entsprechend der zweiten Meßmethode von Versuch 1.5. die Messung so durchgeführt werden, daß der Drehkondensator immer ganz eingedreht und die sich dann ergebende Elektrometerspannung $U_E$ abgelesen wird. Um dabei gut ablesbare Werte zu erhalten, muß man den Kapazitätsbereich des Drehkondensators durch einen geeigneten in Serie geschalteten Blockkondensator einengen. Durch Kombination mit dem Verfahren von Versuch 1.4. lassen sich noch größere Spannungen messen. Auch eine Nachrechnung der oben dargestellten Eichkurve ist nützlich. Dazu muß in einer dem Versuch 1.3. entsprechenden Messung die Kapazitätskurve des Drehkondensators aufgenommen werden.

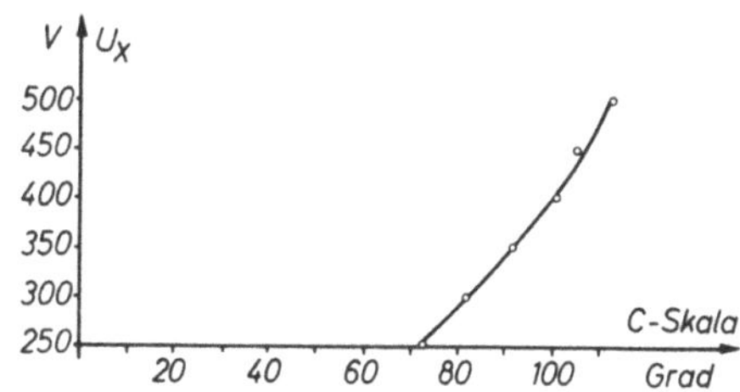


Bild 18
Eichkurve für die Messung von Spannungen von 250...500 V

## 1.7. Das Messen von Höchstohmwiderständen durch Serienschaltung

Schaltskizze: Bild 19

Zubehörteile: M gewöhnliches Voltmeter (Metravo)
$R_X$ unbekannter Höchstohmwiderstand (1...50 GΩ)
$R_0$ bekannter Höchstohmwiderstand (1...50 GΩ)
$U_0$ Netzgerät (0...300 V).

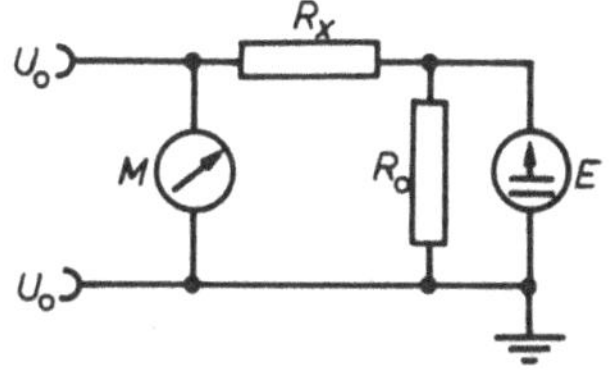


Bild 19
Das Messen von Höchstohmwiderständen durch Serienschaltung

Höchstohmwiderstände könnten mit einem gewöhnlichen Voltmeter nicht gemessen werden, da das Meßinstrument die zu messenden Größen erheblich beeinflussen würde. Bei Verwendung des Elektrometers entfallen diese Schwierigkeiten.

Da das Elektrometer für kleine Ausschläge eine schlechte Ablesegenauigkeit bietet, muß es an den größeren der beiden Widerstände gelegt werden, wenn $U_0$ nur bis etwa 300 V gesteigert werden kann. Das Elektrometer selbst hat einen praktisch unbegrenzt hohen Widerstand.

Als Beispiel seien die folgenden Meßwerte angegeben:

| $R_0$ (GΩ) | $U_0$ (V) | $U_E$ (V) | daraus berechneter Widerstand $R_x$ (GΩ) | Sollwiderstand (GΩ) |
|---|---|---|---|---|
| 1 | 600 | 58 | 9,4 | 10 |
| 10 | 275 | 251 | 0,96 | 1 |
| 10 | 600 | 122 | 39 | 50 |

$R_x$ errechnet sich aus den gemessenen Werten $U_0$ und $U_E$ nach dem Ansatz:

$$R_x = R_0 \cdot \frac{U_0 - U_E}{U_E} \quad .$$

In der letzten Spalte ist der Sollwiderstand angegeben, den im vorliegenden Falle die Lieferfirma mit einer Toleranz von 20 % garantiert. Man sieht, daß die gemessenen Werte dieser Toleranz entsprechen. Es ist leicht, reizvolle Aufgaben an diesen Versuch anzuschließen. So kann man z.B. den Widerstand eines Holzstabes untersuchen lassen und dabei insbesondere nachprüfen, ob das Ohmsche Gesetz, auch hinsichtlich der Stablänge und des Stabquerschnittes, für diesen erfüllt ist.

## 1.8. Das Messen von Höchstohmwiderständen im Nebenschlußverfahren

Schaltskizze: Bild 20

Zubehörteile: R' Vorwiderstand (z.B. 100 GΩ)
$R_0$ bekannter Widerstand
$R_x$ unbekannter Widerstand
$U_0$ Hochspannung (etwa 2000 V).

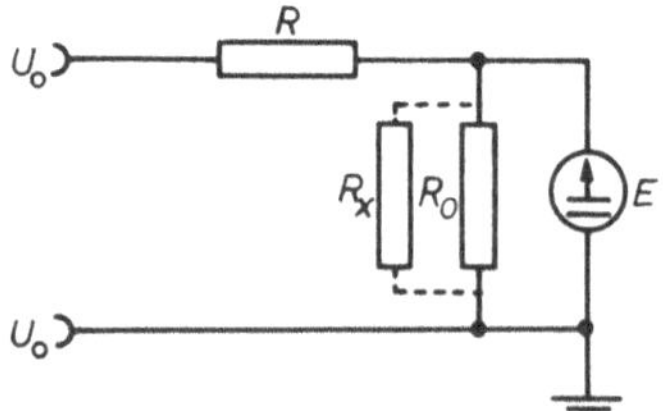


Bild 20
Das Messen von Höchstohmwiderständen im Nebenschlußverfahren

Wenn eine Spannung $U_0$ in der Größenordnung von 2 000 V vorliegt und R' demzufolge ein Vorwiderstand sein muß, der wesentlich größer ist als $R_0$, brauchen $U_0$ und R' für die Messung von $R_X$ nicht bekannt zu sein. Dies ist der Vorteil der vorliegenden Meßmethode.

Man stellt zunächst fest, welche Spannung $U_E$ das Elektrometer zeigt, wenn $R_X$ noch nicht parallelgeschaltet ist. Wird $R_X$ dann parallelgeschaltet, möge $U_E$ auf $U_E'$ absinken. Dann ist mit großer Näherung:

$$R_x = R_0 \cdot \frac{U_E'}{U_E - U_E'} \quad .$$

Meßbeispiel: $R_0 = 10\ G\Omega$ $\quad U_E = 220\ V$ $\quad U_E' = 202\ V$ .

Es ergibt sich: $R_x = 10 \cdot \frac{202}{18}\ G\Omega = 112\ G\Omega$ .

Der Sollwiderstand von $R_X$ betrug 100 GΩ , so daß die in Versuch 1.7. erwähnte Toleranz von 20 % sich auch hier bestätigt.

An diesen Versuch lassen sich ebenfalls andere Fragestellungen anschließen. Man kann z.B. experimentell untersuchen und dann überlegen, was geschieht, wenn die Widerstände R' und $R_0$ oder nur einer von ihnen durch Kondensatoren anstelle von Widerständen überbrückt werden.

## 1.9. Ladungsmessungen an Metallkugeln

Schaltskizze: Bild 21

Zubehörteile:
- F Faraday-Becher
- S Schalter
- K zwei Metallkugeln von 2 cm bzw. 3 cm ∅ an Isoliergriffen
- C' Hilfskondensator (z.B. 500 pF)
- U Spannungsquelle (Hochspannungs- oder Netzgerät)
- U' Hilfsspannung.

Dieser Versuch ist in seiner Einfachheit, mit der er zu einer präzisen und wichtigen Aussage führt, besonders eindrucksvoll. Die Kugel K wird an U aufgeladen und dann in den Faraday-Becher gebracht. Dabei gibt sie ihre Ladung vollständig an das Elektrometer ab. Damit der Ladungszuwachs auf E von Anfang an beobachtet werden kann, ist dessen Potential durch die Hilfsspannung U' auf einen gut ablesbaren Anfangswert gebracht.

Man beobachtet, wieviele Entladungen der Kugel nötig sind, um das Potential des Elektrometers bis zu einem gewissen Wert zu steigern. Mit dem Hilfskondensator C', der dem Elektrometer parallelgeschaltet ist, kann die Geschwindigkeit, mit der das Potential ansteigt, geregelt werden.

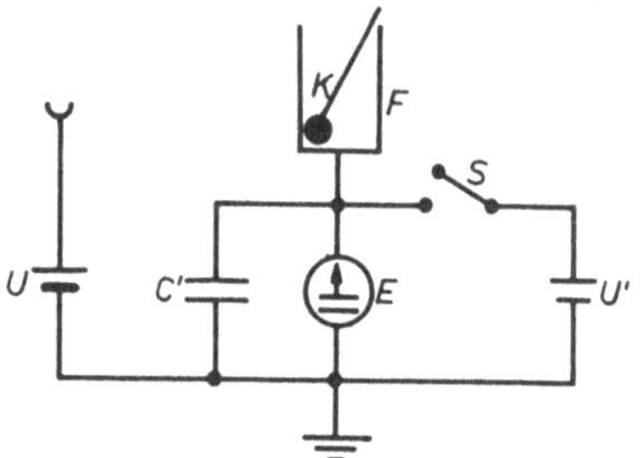


Bild 21
Ladungsmessungen an Metallkugeln

Meßbeispiel:

| | Kugel von 2 cm Ø | | Kugel von 3 cm Ø |
|---|---|---|---|
| Anzahl der Entladungen | $U_E$ (V) | | $U_E$ (V) |
| 0 | 153 (U') | | 153 (U') |
| 1 | 161 | | 165 |
| 2 | 168 | | 175 |
| 3 | 174 | | 183 |
| 4 | 180 | $\Delta U_E = 56$ V | 192 |
| 5 | 186 | | 201 |
| 6 | 192 | | 209 |
| 7 | 198 | | |
| 8 | 204 | | |
| 9 | 209 | | |

Bei der Kugel von 2 cm Durchmesser sind 9 Entladungen nötig, um dieselbe Potentialsteigerung von 56 V zu erzielen, wie sie bei der Kugel von 3 cm Durchmesser bereits mit 6 Entladungen eintritt. Die Kapazität einer Kugel erweist sich also als proportional dem Radius der Kugel.

Interessant ist es auch, die Abhängigkeit des Vorganges von U zu beobachten. Bringen wir in unserem Meßbeispiel U auf den halben Wert (1750 V), so erzielt man mit der großen Kugel bei 6 Entladungen genau die theoretisch zu erwartende Potentialsteigerung von 28 V.

Lassen wir den Hilfskondensator C' fort und verwenden wir für die Beurteilung der übertragenen Ladungen die in Versuch 1.3. ermittelte Kapazitätskurve des

Elektrometers, so können für U wesentlich kleinere Spannungen verwendet werden. Diese Abänderung des Versuches kann eine zusätzliche Aufgabe sein. Es entsteht weiter die Frage, ob sich Hohlkugeln anders verhalten als gleichgroße Vollkugeln. Verwendet man anstelle der Kugeln einen Plattenkondensator mit einer abnehmbaren Platte, kann die Kondensatorgleichung bestätigt werden. Schließlich läßt sich der Versuch zur Messung hoher Spannungen (etwa an einer Funkenstrecke) verwenden.

## 1.10. Das Messen von Kapazitäten durch Reihenschaltung

Schaltskizze: Bild 22

Zubehörteile: $U_0$ Netzgerät (0...300 V) *)

$M$ gewöhnliches Voltmeter (Metravo)

$C_0$ bekannter Kondensator

$C_x$ zu messender Kondensator.

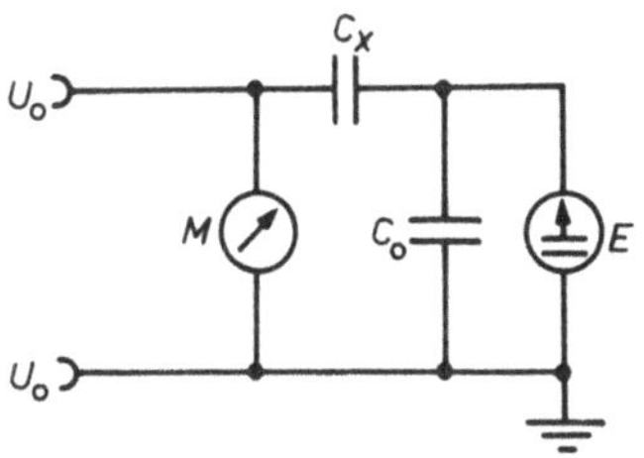


Bild 22
Das Messen von Kapazitäten durch Reihenschaltung

Der Meßvorgang ergibt sich ohne weiteres aus Versuch 1.4. Wenn nur eine Spannung $U_0$ bis 300 V zur Verfügung steht oder die verwendeten Kondensatoren eine Prüfspannung von nur 250 V haben, ist es, um eine gute Genauigkeit zu erzielen, nötig, das Elektrometer E an den kleineren der beiden Kondensatoren zu legen; denn an diesem stellt sich die größere Teilspannung ein. Bei sehr kleinen Kondensatoren muß natürlich auch die Kapazität von E berücksichtigt werden.

Die Auswertung der Messung erfolgt nach der Beziehung $C_x = C_0 \cdot \frac{U_E}{U_0 - U_E}$ wenn die angegebene Schaltskizze zugrunde gelegt wird. Eine nützliche Übungsaufgabe ergibt sich, wenn $C_x$ ein Plattenkondensator mit veränderlichem Plat-

*) Vgl. hierzu die Fußnote zu Versuch 1.3.

tenabstand ist. Dann läßt sich untersuchen, wie dessen Kapazität vom Plattenabstand abhängt *).

## 1.11. Das Messen von Kapazitäten durch kapazitativen Nebenschluß

Schaltskizze: Bild 23

Zubehörteile: $U_0$ Netzgerät (0...300 V)

M gewöhnliches Voltmeter (Metravo)

S Schalter

$C_0$ bekannter Kondensator

$C_x$ zu messender Kondensator.

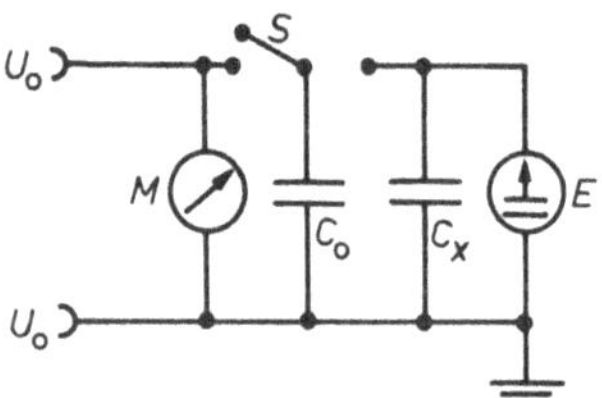


Bild 23
Das Messen von Kapazitäten durch kapazitiven Nebenschluß

Der bekannte Kondensator $C_0$ wird zunächst allein auf die bekannte Spannung $U_0$ aufgeladen. Durch Umlegen des Schalters S wird er mit dem noch ungeladenen $C_x + C_E$ zu einer Gesamtkapazität zusammengeschlossen. Kann $C_E$ gegenüber $C_x$ vernachlässigt werden, so sinkt dabei die an $C_0$ angelegte Spannung $U_0$ im Verhältnis $C_0/(C_0 + C_x)$ auf den Wert $U_E$. Es ergibt sich

$$C_x = C_0 \cdot \frac{U_0 - U_E}{U_E} .$$

Meßbeispiel:

| $U_0$ (V) | $C_0$ (µF) | $U_E$ (V) | daraus errechnet: $C_x$ (µF) | Sollwert |
|---|---|---|---|---|
| 200 | 0,22 | 62 | 0,49 | 0,47 |
| 300 | 0,22 | 98 | 0,46 | 0,47 |
| 198 | 0,22 | 134 | 0,10 | 0,10 |

Man sieht, daß die gemessenen Kapazitätswerte den Sollwerten sehr nahe kommen. Bei Kondensatoren ist auch die angegebene Toleranz geringer als bei Höchstohmwiderständen. Es sei aber nochmals ausdrücklich vermerkt, daß Meß-

*) Für diesen Versuch ist die Verwendung einer Wechselspannung unbedingt zu empfehlen.

versuche mit Kondensatoren nur dann gelingen, wenn die Kondensatoren unmittelbar vor der Messung gründlich entladen oder Wechselspannungen verwendet werden.

Natürlich kann auch mit diesem Versuchsprogramm wieder der Plattenkondensator untersucht werden.

## 1.12. Aufladung bzw. Messung eines einzelnen Kondensators

Schaltskizze: Bild 24

Zubehörteile: $U_0$ Netzgerät (0...300 V)
U' Hilfsspannung (z.B. 90 V)
M gewöhnliches Voltmeter (Metravo)
C zu ladender Kondensator (z.B. 0,05 µF)
R Aufladewiderstand (z.B. 1 GΩ)
Stoppuhr.

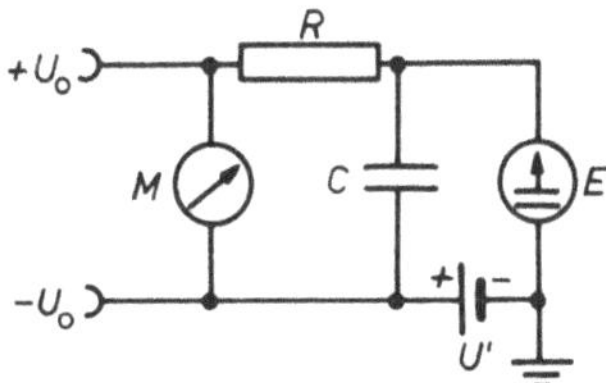


Bild 24
Aufladung bzw. Messung eines einzelnen Kondensators

Es handelt sich um den üblichen Aufladeversuch, der sich nach dem Gesetz $U_C = U_0(1 - \exp - t/RC)$ vollzieht. Hier ermöglicht überhaupt erst das Elektrometer wegen seines vernachlässigbar kleinen Ladungsbedarfs die Messung. Um den Vorgang von Anfang an gut beobachten zu können, bringt man mit Hilfe der Spannung U' das Anfangspotential des Elektrometers auf einen gut ablesbaren Wert.

Meßbeispiel: Für $U_0$ = 160 V, R = 1 GΩ und C = 0,05 µF ergeben sich folgende Meßwerte (Bild 25):

| $U_C$ | 10 | 30 | 60 | 90 | 120 (V) |
|---|---|---|---|---|---|
| t | 3,0 | 10,5 | 22,0 | 44,4 | 95,6 (s) |

Greifen wir den Wert (90 V ; 44,4 s) heraus, so erhalten wir die Beziehung:

$$90 = 160 \cdot (1 - e^{-\frac{44,4}{RC}}); \quad 1 - e^{-\frac{44,4}{RC}} = \frac{9}{16}; \quad e^{-\frac{44,4}{RC}} = \frac{7}{16}$$

und daraus RC = 54.

Wenn die Sollwerte für die Kapazität des Kondensators und den Widerstand genau richtig sein würden, müßte sich für RC ergeben: $RC = 0{,}05 \cdot 10^{-6} \cdot 10^{9} = 50$.

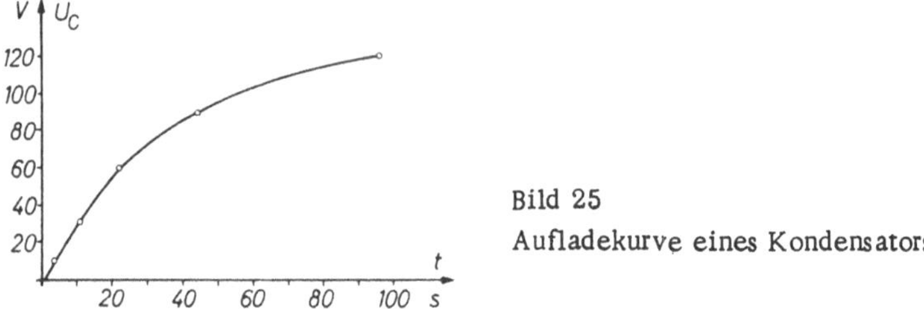


Bild 25
Aufladekurve eines Kondensators

Der Versuch gestattet also, entweder R oder C zu messen, je nachdem, ob eine bekannte Kapazität oder ein bekannter Widerstand gegeben ist.

Der Versuch ist aber auch geeignet, um Kennlinien bei sehr geringen Strömen zu untersuchen. So kann man eine Glimmröhre oder eine Diode in Sperrschaltung als Aufladewiderstand benutzen und aus dem Vergleich der sich ergebenden Aufladekurven mit der bei Verwendung eines Ohmschen Widerstandes zu erwartenden Kurve Rückschlüsse ziehen auf die Kennlinie einer Glimmröhre vor der Zündung oder einer Diode im Sperrbereich.

## 1.13. Entladung eines Kondensators

Schaltskizze: Bild 26

Zubehörteile: $U_0$ Netzgerät (0...300 V)
S Schalter
C Kondensator
R Entladewiderstand
Stoppuhr.

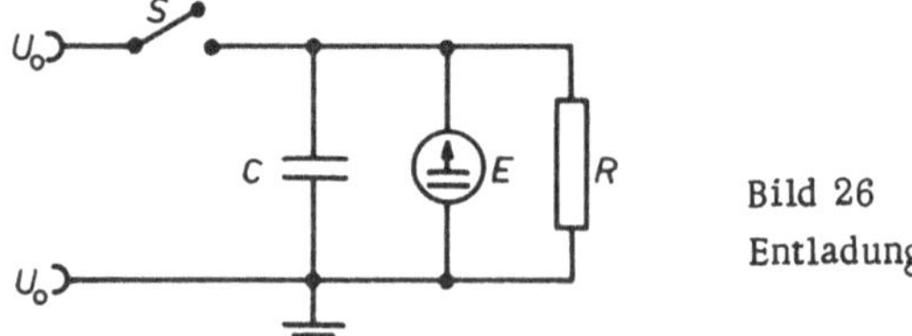


Bild 26
Entladung eines Kondensators

Die Entladung des Kondensators C über den Widerstand R geht bekanntlich nach dem Gesetz $U_C = U_0 \cdot \exp - t/RC$ vor sich. Nach Schließen des Schalters S laden wir C auf die Spannung $U_0$ auf und beginnen, sobald S wieder geöffnet ist, mit der Zeitmessung.

Meßbeispiel: $C = 0{,}1\ \mu F$, $R = 1\ G\Omega$
C entlädt sich in 32 s von 200 V auf 150 V

Auswertung: $150 = 200 \cdot e^{-32/RC}$
$RC = 111$ .

Wenn die für R und C angegebenen Größen genau richtig wären, müßte sich für RC der Wert $0{,}1 \cdot 10^{-6} \cdot 10^{9} = 100$ ergeben. Auch dieser Versuch erlaubt wieder, R oder C zu messen. Vor allem ist dieses Verfahren zum Messen von Höchstohmwiderständen bis zu einer Größenordnung von 1 TΩ gut geeignet. Bei derartig hohen Widerständen kann man sich auf die relativ sicher festzustellende Kapazität eines Plattenkondensators stützen. Das Verfahren ist auch der sonst üblichen Methode überlegen, hohe Widerstände in einer Hittorfschen Kippschaltung zu messen; denn hierbei verfälschen die Ströme, die vor der Zündung der Glimmröhre über diese abfließen können, das Ergebnis wesentlich *).

So ist es möglich, mit Hilfe der Entladungsmethode den Widerstand von Glasstäben zu ermitteln. Dieser liegt oft in der Größenordnung von einigen Teraohm, sodaß man unter Umständen den parallelgeschalteten Kondensator C ganz fortlassen kann. Es lohnt sich, die Abhängigkeit des Glaswiderstandes von der Temperatur zu untersuchen. Da Glas ein Ionenleiter ist, muß sein Widerstand mit wachsender Temperatur kleiner werden.

## 1.14. $\varepsilon_0$-Messung

Schaltskizze: Bild 27

Zubehörteile: $U_0$ Hochspannungsgerät
C Plattenkondensator mit veränderlichem Plattenabstand
R Ladewiderstand (100 GΩ)
Stoppuhr.

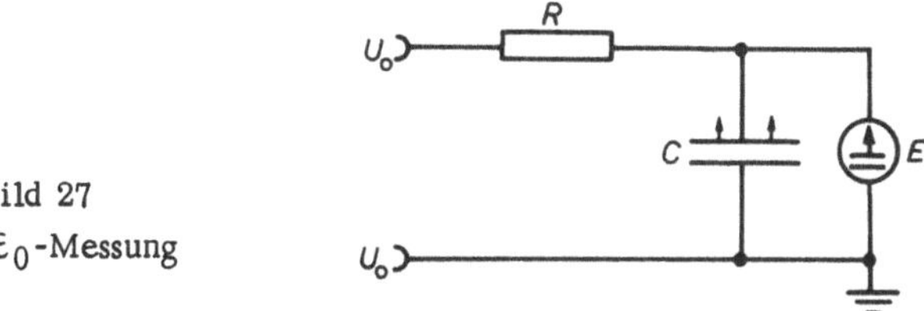


Bild 27
$\varepsilon_0$-Messung

*) Vgl. Gente-Schröder, Die Glimmröhre, Friedr. Vieweg & Sohn, Braunschweig 1963, S. 93.

Der Plattenkondensator hat ein Luftdielektrikum. Der Plattenabstand wird für die Messung z.B. auf $d = 0,5$ mm eingestellt. In dieser Einstellung hat der Kondensator eine Kapazität, die groß ist gegenüber der Kapazität des Elektrometers. Man kann das Elektrometer also zur Beobachtung der Spannung in den Nebenschluß des Plattenkondensators legen, ohne die Messung wesentlich zu stören. Man hat lediglich zu messen, welche Zeit vergeht, bis C von der Spannung Null auf eine bestimmte am Elektrometer gut ablesbare Spannung aufgeladen wird.

Meßbeispiel: C wird von 0 auf 200 V in 26,5 s aufgeladen
$U_0 = 800$ V
$R = 100\ G\Omega$.

Aus $U_C = U_0(1 - \exp - t/RC)$ ergibt sich mit $U_C = 200$ V und $U_0 = 800$ V:
$RC = 92$ und $C = 920$ pF.

$$\text{Da } C = \varepsilon_0 \cdot \frac{F}{d}, \text{ ist } \varepsilon_0 = \frac{C \cdot d}{F} \quad .$$

Der Plattenabstand beträgt in dem Meßbeispiel $d = 0,5\ \text{mm} = 5 \cdot 10^{-4}$ m, die Plattenfläche bei einem Radius von 13 cm $F = \pi \cdot 0,13^2\ \text{m}^2$.

Im ganzen erhalten wir:

$$\varepsilon_0 = \frac{C \cdot d}{F} = \frac{0,92 \cdot 10^{-9} \cdot 5 \cdot 10^{-4}}{\pi \cdot 0,13^2} \frac{\text{As}}{\text{Vm}} = 8,7 \cdot 10^{-12} \frac{\text{As}}{\text{Vm}} \quad .$$

Natürlich muß der für diesen Meßversuch verwendete Widerstand vorher nachgemessen worden sein, und zwar nach einem Verfahren, das auf einem Widerstandsnormal und nicht auf einem Kapazitätsnormal gegründet ist.

Der Versuch ist sehr geeignet, um den Einfluß von Fehlerquellen zu diskutieren. Man kann z.B. den Einfluß der Elektrometerkapazität leicht erfassen, der ja um so bedeutsamer ist, je größer der Plattenabstand bei C ist *). Dazu ist es nur nötig, die Aufladezeit für das Elektrometer allein zu messen und dann jeweils bei der eigentlichen Messung abzuziehen. Man könnte auch auf den Gedanken kommen, die Genauigkeit der Messung durch Herabsetzen von $U_0$, d.h. durch Erhöhen der Aufladezeit zu steigern. Dabei wird man auf den Einfluß der Isolationswiderstände aufmerksam. Auch diese lassen sich durch einen Ergänzungsversuch erfassen.

---

*) Es ist überhaupt zu empfehlen, den Meßversuch bei einem größeren Plattenabstand durchzuführen, denn ein Durchmesser von 0,5 mm läßt sich nur sehr ungenau einstellen.

Interessant ist auch die Frage, wie der Versuch abläuft, wenn C und E hintereinander geschaltet werden. Der Einfluß des Dielektrikums läßt sich ebenfalls leicht untersuchen.

## 1.15. Das Messen von Welligkeiten

Schaltskizze: Bild 28

Zubehörteile: U reine Wechselspannung von 220 V oder ungesiebte gleichgerichtete Wechselspannung
S Schalter
C Kondensator (0,1 µF)
Gl Gleichrichter (Diode).

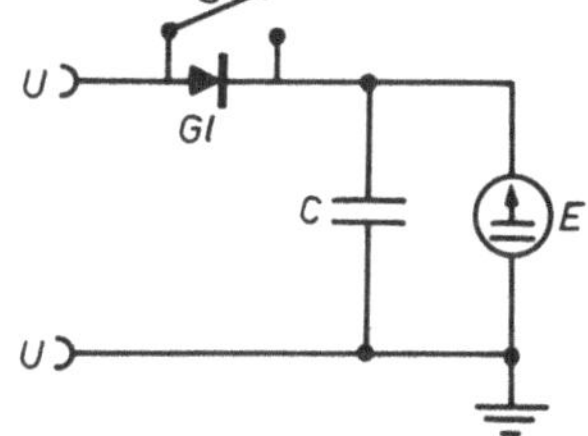


Bild 28

Das Messen von Welligkeiten

Wir wollen annehmen, daß U eine reine Wechselspannung ist. Wird die Diode zunächst mit dem Schalter S überbrückt, so zeigt das Elektrometer, das ja auch auf Wechselspannungen anspricht, den Effektivwert der Wechselspannung an. Wird die Überbrückung aufgehoben, kann sich der Kondensator C und damit das Elektrometer über die Diode mit der einen Halbwelle der Wechselspannung auf deren Scheitelwert aufladen.

Meßbeispiel: Das Elektrometer zeigt ohne Gleichrichter 147 V, mit Gleichrichter 206 V an.

Das Verhältnis beider gemessenen Spannungen kommt dem theoretischen Wert für das Verhältnis der Scheitelspannung zur Effektivspannung, dem Wert $\sqrt{2}$, sehr nahe. Der Versuch läßt sich weitgehend ausbauen. Man kann z.B. untersuchen, wie die Welligkeit einer gleichgerichteten Wechselspannung, die noch nicht gesiebt ist, sich bei Hinzuschalten eines R-C-Gliedes mit Belastungswiderstand verändert (siehe auch die Anwendungsmöglichkeit in Versuch 3.4.).

Es ist auch möglich, die Strom- und Spannungsschwankungen für die Schwingspule einer Röhrenschwingschaltung zu messen und damit den Wechselstromwiderstand dieser Spule bzw. die Frequenz des Schwingkreises zu beurteilen. Man legt zu diesem Zwecke das Elektrometer einmal direkt an die Spule, ein andermal an einen Ohmschen Widerstand, der dieser Spule vorgeschaltet ist.

## 2. Einfache Versuche zur Atomphysik

### 2.1. Der Potentialverlauf längs eines Holzstabes

Schaltskizze: Bild 29a

Zubehörteile: 2 Holzstäbe mit verschiedenem Querschnitt (zusammensteckbar) und äquidistanten Bohrungen

$U_0$ Spannungsquelle (Netzgerät von 250 V).

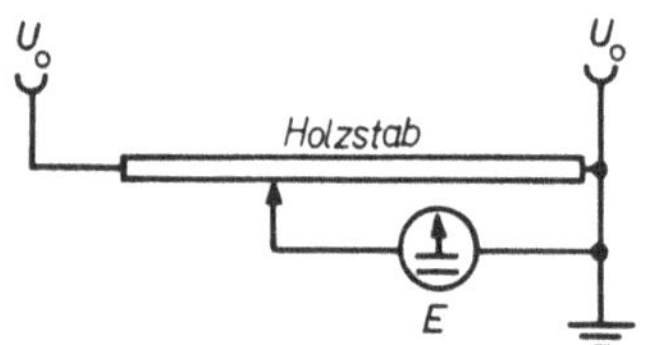


Bild 29a
Der Potentialverlauf längs eines Holzstabes

Ausführung des Versuches:

Der empfindliche Anschluß des Elektrometers wird über einen beweglichen Draht mit den Kontaktbohrungen des Holzstabes verbunden. Der andere Anschluß von E ist zusammen mit dem einen Ende des Holzstabes sorgfältig geerdet.

Das Ergebnis des Versuches ist überraschend. Wenn der Holzstab trocken ist, erhält man nicht etwa, wie man vermuten sollte, eine gerade Linie als Potentialkurve. Bei einer solchen Messung ergab sich vielmehr eine Kurve, wie sie in Bild 29b dargestellt ist. An den beiden Enden des Stabes stellt sich ein erheblich stärkeres Potentialgefälle ein als in dem mittleren Bereich. Ein Holzstab ist im

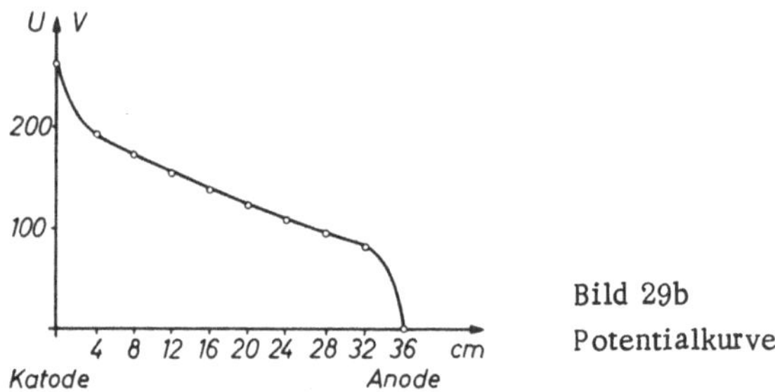


Bild 29b
Potentialkurve

Gegensatz zu einem metallischen Leiter ein Ionenleiter. Wenn die beiden Ionensorten eine sehr verschiedene Beweglichkeit haben, kommt es an den beiden Enden (Elektroden) zu einem Ladungsstau, d.h. zu Raumladungen, deren elektrisches Feld sich dem von außen angelegten Feld überlagert. Feuchtet man den

Holzstab mit Wasser an, ändert sich die Situation ganz erheblich. Wir erhalten praktisch eine gerade Linie als Potentialkurve; denn jetzt haben wir es im wesentlichen mit dem Wasser als elektrischem Leiter zu tun. Dessen Ionen (H- und OH-Ionen) haben nahezu gleiche Beweglichkeit, so daß es nur in ganz schwachem Maße zu den erwähnten Raumladungen kommen kann.

So hat schon dieser sehr einfache Versuch ein recht interessantes Ergebnis. Auch kommt bei ihm die Tatsache, daß zum Aufrechterhalten des Instrumentenausschlages keine Energie erforderlich ist, voll zur Geltung. Es ist jedoch wichtig, sich davon zu überzeugen, daß der Widerstand, den das Instrument selbst darstellt, nicht vergleichbar ist mit dem Widerstand der Holzstäbe. Trockene Holzstäbe der in Betracht kommenden Abmessungen haben einen Widerstand von 100...200 GΩ, während das Meßinstrument, wie oben erwähnt, einen Widerstand in der Größenordnung von $10^{15}\,\Omega$ hat.

Der Versuch läßt sich durch Zusammenfügen von Holzstäben verschiedenen Querschnitts weiter ausgestalten.

## 2.2. Der Potentialverlauf längs einer Flüssigkeitssäule

Schaltskizze: Wie bei Versuch 2.1.

Zubehörteile: Plexiglasrohr mit Stopfen und Elektroden an den beiden Enden sowie mit 10 Sonden, die über die Länge des Rohres (30...50 cm lang) gleichmäßig verteilt sind.

$U_0$ Spannungsquelle (Netzgerät von 250 V)

U' Hilfsspannung (90 V, als Vorspannung für das Elektrometer).

Wir füllen das Rohr, das einen Durchmesser von 15...20 mm haben mag, zunächst mit Wasser. Um einen überall gleichen Flüssigkeitsquerschnitt zu haben, soll keine Luft in dem Rohr bleiben. Die Verteilung der Sonden ist aus Bild 30 zu ersehen.

Bild 30
Verteilung der Sonden

Wir geben dem Elektrometer ein Anfangspotential von 90 V und messen jeweils die Spannung zwischen der Elektrode I und den Sonden. Tragen wir die Meßwerte als Kurve auf, so ergibt sich wie bei Versuch 2.1. für den feuchten Holzstab eine gerade Linie. Gibt man jedoch dem Wasser w e n i g e Tropfen $H_2SO_4$ bei, tritt eine interessante Änderung ein. Folgendes Meßbeispiel sei mitgeteilt:

| Potential bei | I | 1 | 2 | 3 | 4 | 5 | 6 | 7 | 8 | 9 | 10 | II |
|---|---|---|---|---|---|---|---|---|---|---|---|---|
| gegen I (ohne U') | 0 | 11 | 29 | 52 | 64 | 77 | 87 | 99 | 113 | 130 | 147 | 158 (V) |
| Potentialgefälle | | 5,5 | 3,6 | 2,6 | 2,4 | 2,6 | 2,0 | 2,4 | 2,8 | 3,4 | 3,4 | 5,5 (V/cm) |

Das Potentialgefälle ist bei weitem nicht konstant; es beträgt in der Mitte der Flüssigkeitssäule nur 2,0 V/cm, an den Enden dagegen 5,5 V/cm. Da die Beweglichkeiten der H-Ionen und der $SO_4$-Ionen recht verschieden sind, kommt es, wie bei Versuch 2.1. für den trockenen Holzstab geschildert, zur Ausbildung von Raumladungen an den beiden Elektroden.

Die angegebene Messung ist bei einer Stromstärke von etwa 30 mA ausgeführt worden. Bemerkenswert ist, daß sich die erwähnten Raumladungen nicht sofort ausbilden. Man muß nach Einbringen der Schwefelsäuretropfen in das Wasser etwas warten, bis z.B. zwischen der neunten und zehnten Sonde eine höhere Potentialdifferenz entsteht als zwischen den mittleren Sonden. Polt man dann die angelegte Spannung um und mißt die Potentialdifferenz zwischen der ersten und zweiten Sonde, ergibt sich dort zuerst ein verhältnismäßig kleiner Wert. Nach einiger Zeit hat sich die Raumladung umgestellt, und die Potentialdifferenz zwischen diesen Sonden wächst an.
Es ist interessant, diese Untersuchungen auf andere Flüssigkeiten auszudehnen.

## 2.3. Demonstration eines durch radioaktive Strahlung verursachten Ionisationsstromes *)

Schaltskizze: Bild 31

Zubehörteile:
- M gewöhnliches Voltmeter (Metravo)
- J offene Ionisationskammer, bestehend aus Metallplatte P und Drahtgitter G
- Ra radioaktives Präparat
- R Höchstohmwiderstand
- $U_0$ Hochspannungsgerät.

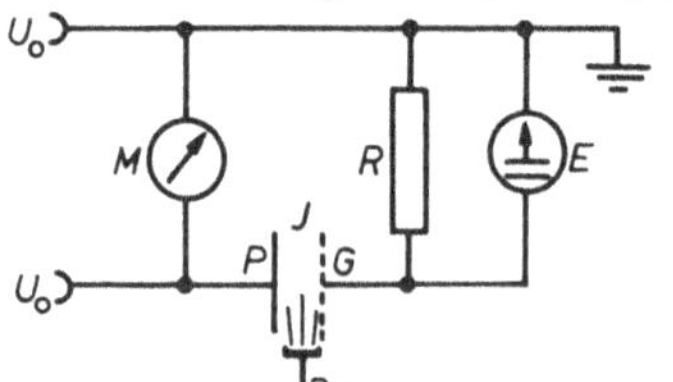


Bild 31
Demonstration eines durch radioaktive Strahlung verursachten Ionisationsstromes

*) Siehe hierzu die Bemerkungen unter IV.

Wenn kein radioaktives Präparat vorhanden ist, hat J einen extrem hohen Widerstand, und das Elektrometer zeigt praktisch keinen Spannungsabfall. Nähert man das Präparat der Ionisationskammer, entstehen in dieser Ionen; die zu P wandernden werden zur Erde abgeleitet, während die zu G wandernden von dem Elektrometer registriert werden. Ist R groß genug gewählt, zeigt E dabei einen gut meßbaren Ausschlag $U_E$. $U_E/R$ ergibt den Ionisationsstrom zwischen P und G.

Meßbeispiel: $U_0 = 1300$ V, $R = 200$ GΩ.
Wenn G negativ geladen ist, beträgt $U_E$ 167 V.
Wenn G positiv geladen ist, beträgt $U_E$ 174 V.

Auffällig ist, daß der Ionisationsstrom größer ist, wenn G positiv geladen ist, nach dem oben gesagten also die pro Sekunde abgesaugten negativen Ionen von E gezählt werden. Dies läßt sich folgendermaßen erklären: Bei der Ionisation einer intakten Molekel entstehen auch Elektronen als negative Ladungsträger. Diese legen aber eine größere freie Weglänge als die positiven Ionen zurück, ehe sie sich einer intakten Molekel anlagern oder mit einem positiven Ion vereinigen. Dadurch entsteht eine größere mittlere Geschwindigkeit der negativen Ionen, und die Wahrscheinlichkeit ihrer Neutralisierung sinkt.

Bei diesem Versuch bietet sich Gelegenheit zu selbständigen Untersuchungen; denn der Effekt hängt außer von der Polung von der Entfernung des Präparates, der angelegten Spannung und dem Abstand der Platten ab.

Als radioaktives Präparat eignet sich die von der Firma Leybold, Köln, gelieferte Radiumpfanne sehr gut, aber auch der für die Wilsonkammer vorgesehene schwächere Strahlerstift reicht aus.

## 2.4. Demonstration eines durch eine Kerze entstandenen Ionisationsstromes

Schaltskizze: Wie bei Versuch 2.3.
Zubehörteile: Wie bei Versuch 2.3., nur statt des radioaktiven Präparates eine Kerze.

Bei diesem Versuch wird die Ionisation nicht wie bei Versuch 2.3. durch energiereiche Partikel verursacht, die von außen in die Luft zwischen der Metallplatte und dem Drahtgitter eindringen, sondern dadurch, daß ein Teil der Luft erwärmt wird. Die thermische Energie, die die einzelnen Molekeln dabei aufnehmen, kann so groß werden, daß diese zerfallen und die entstehenden Ionen wiederum andere Molekeln zertrümmern.

Meßbeispiel: $U_0$ = 3 500 V, R = 100 MΩ.
Wenn G negativ geladen ist, beträgt $U_E$ 220 V.
Wenn G positiv geladen ist, beträgt $U_E$ 180 V.

An diesem Ergebnis ist überraschend, daß im Gegensatz zu Versuch 2.3. der Ionisationsstrom größer ist, wenn man das mit dem empfindlichen Elektrometeranschluß verbundene Gitter G negativ auflädt. Das Verhalten der Kerzenflamme trägt zur Erklärung bei. Man beobachtet nämlich, daß diese jeweils nach dem negativen Pole der Ionisationskammer abgelenkt wird. Ihre Randbezirke erscheinen also positiv geladen. Dies ist auch leicht erklärlich. Die bei der Ionisation vor allem am Rande der Kerzenflamme frei werdenden Elektronen werden im elektrischen Feld schneller beschleunigt als die positiven Ionen, so daß die letzteren am Rande der Flamme eine positive Raumladung bilden. Diese wird mit der Flamme von G angezogen, wenn dieses negativ geladen ist. Dadurch verlagert sich der heiße Bezirk der Flamme, also das Zentrum der Ionisation, nach dem empfindlichen Anschluß hin, und außerdem erhöht die verlagerte positive Raumladung dort die elektrische Feldstärke.

## 2.5. Die Abhängigkeit des durch eine Kerze erzeugten Ionisationsstromes von der angelegten Spannung

Schaltskizze und Zubehörteile wie bei Versuch 2.4.

Bei negativ geladenem G werden folgende Werte gemessen (Bild 32):

| $U_0$ | 600 | 750 | 1000 | 1250 | 1500 | 2500 | 3500 (V) |
|---|---|---|---|---|---|---|---|
| $U_E$ | 80 | 95 | 125 | 175 | 230 | 100 | 170 (V) |
| R | 1 | 1 | 1 | 1 | 1 | 0,1 | 0,1 (GΩ). Daraus: |

| $U_J$ | 520 | 655 | 875 | 1075 | 1270 | 2400 | 3330 (V) |
|---|---|---|---|---|---|---|---|
| $I_J$ | 8,0 | 9,5 | 12,5 | 17,5 | 23,0 | 100 | 170 ($10^{-8}$ A) |

Trotz der relativ hohen Feldstärken, die angelegt wurden, ist ein Sättigungseffekt nicht zu erkennen. Die Kurve weist zwar einen Wendepunkt auf, der darauf hindeutet, aber die zunehmende Verlagerung der Kerzenflamme bringt ein steigendes Angebot von Ionen in der Nähe des empfindlichen Anschlusses zustande, mit dem die Steigerung der Feldstärke nicht Schritt hält. Das Diagramm erweckt sogar den Eindruck, daß der Bereich der Stoßionisation schon erreicht ist. Der Versuch wirft Fragen auf, die durch ergänzende Versuche beantwortet werden können. Am nächsten liegt es, noch zu untersuchen, wie sich das Diagramm bei Umpolung der angelegten Spannung ändert. Man erhält dann die in Bild 32 gestrichelt eingetragene Kurve. Der Ionisationsstrom ist jetzt durchweg etwas kleiner und steigt bei höheren Spannungen nicht mehr so stark an. Beides ist daraus zu erklären, daß sich die Flamme jetzt vom empfindlichen Anschluß entfernt und dabei das Ionisationszentrum in entsprechender Weise verlagert (Näheres siehe bei Versuch 2.6.).

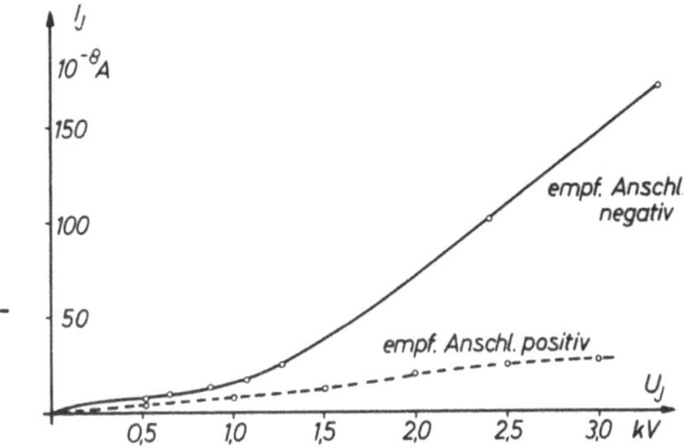


Bild 32
Diagramm des von einer Kerze erzeugten Ionisationsstromes in Abhängigkeit von der Spannung

Man kann weiterhin untersuchen, welchen Einfluß eine größere Entfernung der Kerze hat, man kann die Kerze auch durch ein zylindrisches Gitter am seitlichen Ausweichen hindern. Schließlich besteht eine nützliche Übungsaufgabe darin, den Versuch auf die Entladungsmethode (siehe S. 12) umzustellen. Eine solche Schaltung ist in Bild 33 dargestellt. Um $U_0$ bis auf 3 500 V steigern zu können,

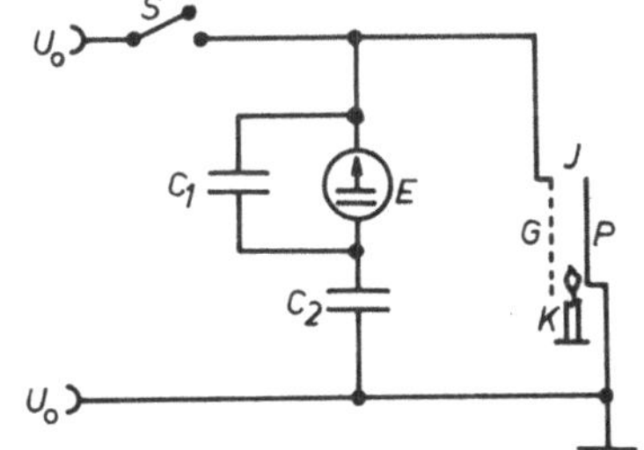


Bild 33
Messen des Ionisationsstromes nach der Entladungsmethode

werden zwei passende Kondensatoren hintereinandergeschaltet; deren Kapazitätsverhältnis ist so einzurichten, daß auf das Elektrometer jeweils eine gut ablesbare Teilspannung entfällt. Diese Kondensatoren werden zusammen mit dem Elektrometer über den Schalter S aufgeladen. Dann wird der Schalter wieder geöffnet, und man mißt die Zeit, in der sich das Elektrometer über J um eine bestimmte Potentialdifferenz entlädt. Damit dies für verschiedene $U_0$ durchgeführt werden kann, ist der Kondensator $C_2$ jeweils auszuwechseln.

Dieses Verfahren ist zwar mühsamer als das oben besprochene, hat aber einen großen Vorzug: Da die "Ionisationskammer" offen ist und die Kerze nicht völlig ruhig brennt, wird bei dem ersten Verfahren die Spannungsanzeige am Elektrometer eventuell schwanken. Da jetzt nur die Gesamtentladezeit gemessen wird, gleichen sich die Schwankungen gegenseitig weitgehend aus.

## 2.6. Aufnahme einer Sättigungsstromkurve bei thermischer Ionisation durch einen Glühdraht

Schaltskizze: Wie bei Versuch 2.3.

Zubehörteile: Wie bei Versuch 2.3., aber statt des radioaktiven Präparates:
1 ungeschützter Glühdraht
1 Heiztrafo (6 V 5 A)
1 Heizwiderstand.

Wir legen zunächst das mit dem empfindlichen Anschluß verbundene Gitter G an den positiven Pol (im Gegensatz zu den Messungen bei Versuch 2.5.) und führen eine Messung mit voller Heizung durch (der Draht glüht hellrot). In der folgenden Tabelle sind die gemessenen Werte für $U_0$ und $U_E$ sowie die errechneten Werte $U_J = U_0 - U_E$ und $I_J = U_E/R$ eingetragen. Es wird ein Widerstand von 50 GΩ verwendet.

| $U_0$(V) | $U_E$(V) | $U_J$(V) | $I_J$($10^{-9}$ A) |
|---|---|---|---|
| 300 | 67 | 233 | 1,3 |
| 400 | 90 | 310 | 1,8 |
| 500 | 115 | 385 | 2,3 |
| 600 | 130 | 470 | 2,6 |
| 700 | 150 | 550 | 3,0 |
| 800 | 165 | 635 | 3,3 |
| 900 | 175 | 725 | 3,5 |
| 1000 | 190 | 810 | 3,8 |
| 1100 | 200 | 900 | 4,0 |
| 1200 | 217 | 983 | 4,3 |
| 1500 | 235 | 1278 | 4,7 |
| 1700 | 255 | 1445 | 5,1 |

Für eine zweite Messung wird die Heizung des Glühdrahtes ein wenig reduziert, und zwar wird durch den beigegebenen Heizwiderstand die Stromstärke von 3,0 A auf 2,9 A herabgesetzt. Die Helligkeitsminderung des Glühdrahtes ist gerade eben zu erkennen. Den Meßwerten liegt jetzt ein Widerstand von 200 GΩ zugrunde:

| $U_0$(V) | $U_E$(V) | $U_J$(V) | $I_J$($10^{-9}$ A) |
|---|---|---|---|
| 500 | 40 | 460 | 0,20 |
| 700 | 85 | 615 | 0,43 |
| 900 | 108 | 792 | 0,54 |
| 1100 | 128 | 972 | 0,64 |
| 1300 | 142 | 1158 | 0,71 |
| 1500 | 152 | 1348 | 0,76 |
| 1700 | 156 | 1544 | 0,78 |
| 1800 | 156 | 1644 | 0,78 |

Die Meßergebnisse sind in Bild 34 aufgetragen. Beide Kurven zeigen deutlich den Sättigungseffekt. Er ist bei der Meßreihe, zu der die niedrigere Temperatur gehört, etwas mehr ausgeprägt, weil bei dieser das Angebot an Ionen geringer ist. Außerdem sieht man, daß der geringe Rückgang der Heizstromstärke den Ionisationsstrom etwa auf 1/7 reduziert hat, d.h. daß die Ionisationswirkung außerordentlich stark von der Temperatur abhängt.

Polt man die an der Ionisationskammer liegende Spannung um, d.h. liegt der negative Pol am empfindlichen Anschluß, so ergeben sich wesentlich größere Ionisationsströme.

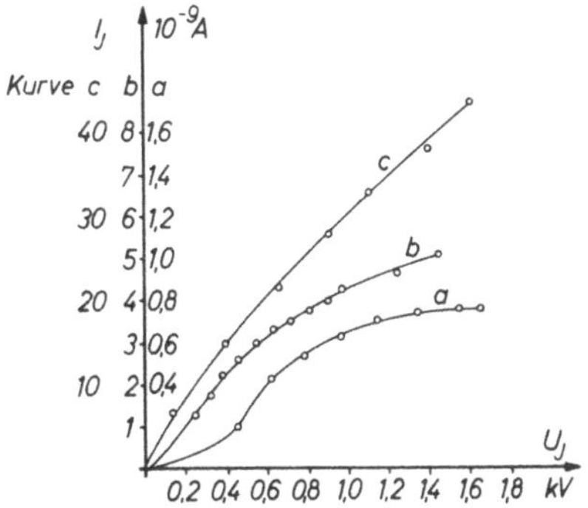

Bild 34
Sättigungsstromkurve bei thermischer Ionisation durch einen Glühdraht

In Bild 34 zeigt die gestrichelt eingetragene Kurve c den Charakter einer solchen Ionisationsstromkurve, wie sie unter den angegebenen Bedingungen entsteht. Jetzt gelangen offenbar so viele Ladungsträger zum empfindlichen Anschluß, daß der Sättigungseffekt in dem gleichen Feldstärkebereich wie bei den Kurven a und b noch nicht zu erkennen ist. Es tritt aber bei hohen Feldstärken keine so starke Steigerung des Ionisationsstromes ein wie bei dem entsprechenden Versuch mit der Kerze (Versuch 2.5.).

Der Verlauf der Kurve c läßt sich in ähnlicher Weise erklären wie das Ergebnis von Versuch 2.5. Die an die Luft abgegebene Wärmeenergie konzentriert sich auf die positiven Ionen, da diese mehr Freiheitsgrade haben. Ist der empfindliche Anschluß negativ, werden die positiven Ionen, also das Ionisationszentrum, nach der negativen Seite hin verlagert. Die größte Ionenkonzentration befindet sich also am negativen Anschluß. Bei der Kerze ist der Sättigungseffekt bei negativer Polung des empfindlichen Anschlusses deswegen völlig überdeckt, weil deren Flamme selbst noch mitwandert und hohe lokale Feldstärken erzeugt, während der Glühdraht als Ionisationsquelle unbeweglich ist. Aber im ganzen unterscheiden sich bei der Kerze die zu beiden Polungen gehörenden Ionisationsstromstärken weniger als beim Glühdraht, weil die Kerzenflamme in ihren Randbezirken heißer und auch ausgedehnter ist als der Glühdraht, so daß ein größerer Ionisationsbereich entsteht.

Ist der empfindliche Anschluß positiv, müssen die negativen Ionen aus einem an der Gegenplatte liegenden Ionisationszentrum einen relativ weiten Weg zurücklegen.

Im Anschluß hieran kann man überlegen, wie der Sättigungseffekt deutlicher gezeigt werden kann (weitere Reduktion der Heizung bei beiden Polungen, Vergrößern des Abstandes des Glühdrahtes, Verringern des Elektrodenabstandes). Die Frage, ob etwa nur die Glühelektronen registriert worden sind, ist leicht zu erledigen; denn dann müßte der Ionisationsstrom größer sein, wenn der empfindliche Anschluß am positiven Pol liegt. Ferner läßt sich auch dieser Versuch auf die Entladungsmethode umstellen.

## 2.7. Aufnahme einer Sättigungsstromkurve bei Ionisation durch radioaktive Strahlung

Schaltskizze: Bild 35

Zubehörteile:
- J Ionisationskammer (Metallplatte + Gitter)
- $U_0$ Betriebsspannung (0...500 V, Hochspannungs- oder Netzgerät
- U' Hilfsspannung (0...300 V, Netzgerät)
- M gewöhnliches Voltmeter (Metravo)
- R Höchstohmwiderstand
- Ra radioaktives Präparat (Radiumpfanne oder Strahlerstift).

Meßbeispiel: R = 200 GΩ (Bild 36)

| $U_0$(V) | $U_J$(V) | $U_0$-$U_J$(V) | $I_J$($10^{-10}$ A) |
|---|---|---|---|
| 147 | 90 | 57 | 2,9 |
| 192 | 125 | 67 | 3,4 |
| 295 | 214 | 81 | 4,1 |
| 400 | 307 | 93 | 4,7 |
| 510 | 417 | 93 | 4,7 |

$U_0$ wird mit dem Metravo gemessen, $U_J$ ergibt sich aus $U' + U_E$. Die Hilfsspannung U' wird benötigt, da ohne sie nur 250 V an die Ionisationskammer angelegt werden könnten. Der Ionisationsstrom ergibt sich dann aus $(U_0 - U_J)/R$.

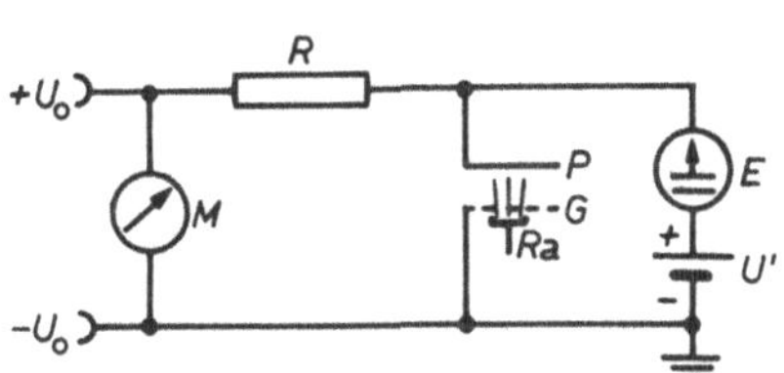


Bild 35
Aufnahme einer Sättigungsstromkurve bei Ionisation durch radioaktive Strahlung

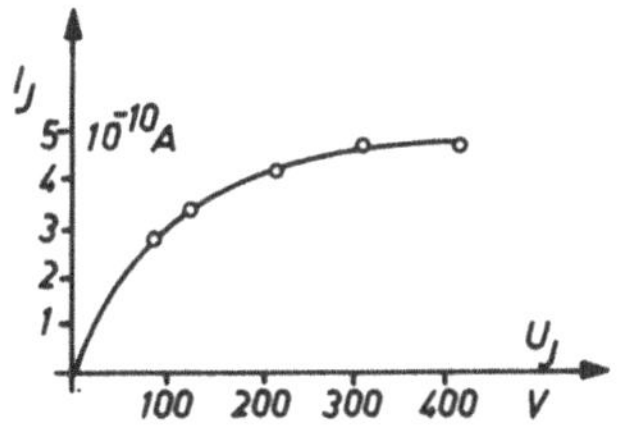

Bild 36
Diagramm der Sättigungsstromkurve bei Ionisation durch radioaktive Strahlung

Die (offene) Ionisationskammer wird aus einer Metallplatte und einem Drahtgitter gebildet, die bei diesem Versuch in einem Abstand von 0,5 cm sich gegenüberstehen. Das radioaktive Präparat wirkt durch das Gitter auf die Kammer ein.

Bei diesem geringen Elektrodenabstand bedeutet die angelegte maximale Spannung eine verhältnismäßig hohe Feldstärke. Das Diagramm zeigt, daß bei dieser Feldstärke nahezu vollständige Sättigung eintritt, d.h. es werden alle entstehenden Ionen abgesaugt.

Man könnte weiterhin untersuchen, ob die Sättigung schon bei geringeren Feldstärken eintritt, wenn man entweder die für die oben angegebene Messung verwendete Radiumpfanne in größerer Entfernung von dem Gitter anbringt oder mit einem schwächeren Präparat arbeitet (Strahlerstift für die Wilsonkammer).

2.8. Messung der Reichweite eines radioaktiven Präparates *)

Schaltskizze: Bild 37

Zubehörteile: J Ionisationskammer (bestehend aus einem hochisolierenden Untersatz mit Aufsatz veränderlicher Höhe)

$U_0$ Hochspannungsgerät

Ra radioaktives Präparat

R Höchstohmwiderstand.

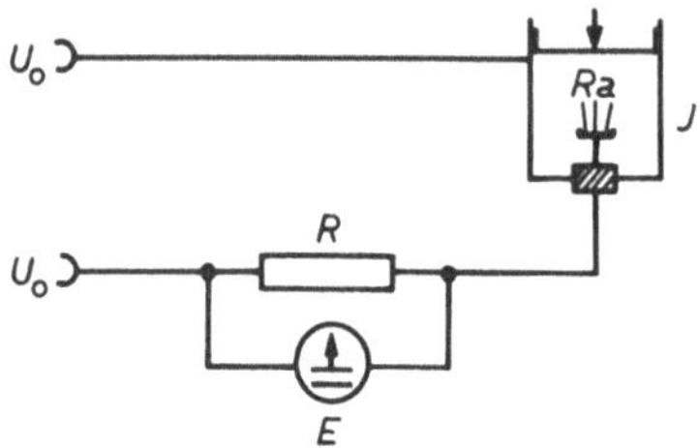


Bild 37
Messung der Reichweite eines radioaktiven Präparates

Wir wählen eine Betriebsspannung $U_0$ von 2800 V, so daß in der Ionisationskammer eine in der Nähe des Sättigungsbereiches liegende Feldstärke herrscht. R ist ein Höchstohmwiderstand von 100 GΩ. Die Spannung $U_E$, die das Elektrometer anzeigt, ergibt also direkt die Ionisationsstromstärke in J. Der abnehmbare Teil von J wird so verändert, daß der Abstand des Deckels vom Präparat (mit e bezeichnet) variiert werden kann.

Meßbeispiel (Bild 38):

| | e | 1 | 2 | 3 | 4 | 5 (cm) |
|---|---|---|---|---|---|---|
| | $U_E$ | 136 | 179 | 202 | 203 | 207 (V) |
| also | I = | 1,36 | 1,79 | 2,02 | 2,03 | 2,07 ($10^{-9}$ A) |

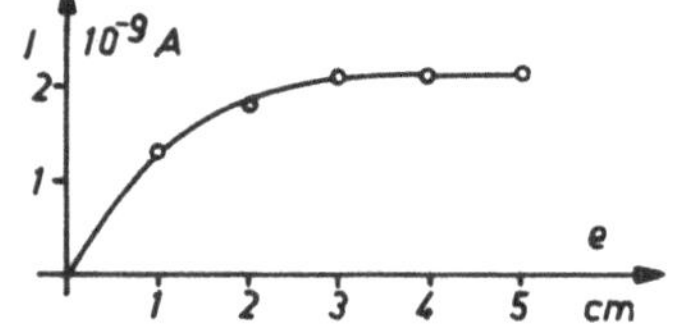


Bild 38
Diagramm der Ionisationsstromstärke in Abhängigkeit von der Entfernung des Präparates

Eine Vergrößerung von e über 3 cm hinaus hat also keinen Einfluß auf die Ionisationsstromstärke. Man kann daher diese Entfernung als die Reichweite des Präparates bezeichnen.

*) Siehe hierzu die Bemerkungen unter IV.

Der Versuch kann ebenso gut auf die Entladungsmethode umgestellt werden. Interessant ist auch, zu untersuchen, wie sich das Ergebnis verändert, wenn man das Präparat mit einer Alu-Folie von 0,01 mm Dicke abdeckt. Dabei wird zunächst die Ionisationsstromstärke allgemein absinken. Aber es wäre möglich, daß die Reichweite unverändert bleibt, denn man könnte sich vorstellen, daß die Teilchen, die überhaupt durchdringen, nicht behindert werden (Näheres hierzu siehe "Schröder, Atomphysik in Versuchen" Friedr. Vieweg & Sohn, Braunschweig 1959, S. 78 ff.).

## 2.9. Messung der Halbwertszeit von Thoron

Schaltskizze: Bild 39

Zubehörteile: M Metravo, als Hochspannungsvoltmeter geschaltet (180 µA-Bereich mit Vorwiderstand nach S. 15)

$U_0$ Betriebsspannung (Hochspannungsgerät)

U' Hilfsspannung (Netzgerät bis 500 V)

J Ionisationskammer (abgeschlossen, mit eingesetztem Draht)

S Schalter

Stoppuhr.

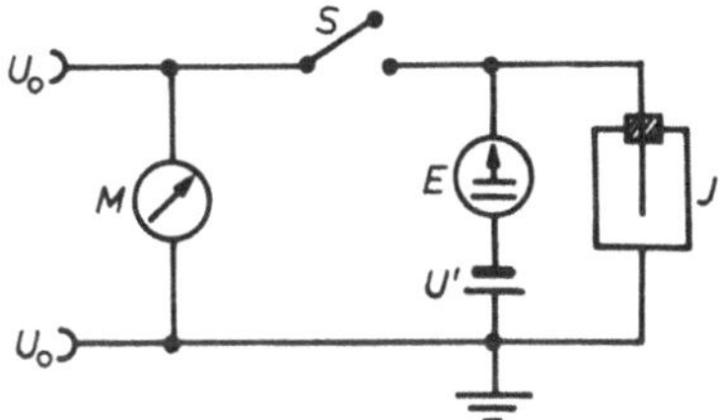


Bild 39
Messung der Halbwertszeit von Thoron

Für diesen Versuch muß die geschlossene Ionisationskammer verwendet werden. In ihren hochisolierten Anschluß wird ein Draht eingesetzt; dann wird in die Kammer Thoron eingeblasen *). Wegen der geringen Ionisationsströme kommt für diesen Versuch nur die Entladungsmethode in Betracht.

In einem Meßbeispiel wählen wir $U_0$ = 470 V und U' = 300 V: Wir schließen den Schalter S und laden somit das Elektrometer auf. Es zeigt also 170 V an, und an J liegen 470 V. Dann wird der Schalter wieder geöffnet und die Entladung des Elektrometers mit der Stoppuhr verfolgt. Es ergibt sich die folgende Meßreihe (Bild 40):

---

*) Bei Schülerübungen wird der Lehrer aus Sicherheitsgründen das Einblasen selbst besorgen.

| Anzeige an E | 170 | 160 | 150 | 140 | 130 | 120 | 110 | (V) |
|---|---|---|---|---|---|---|---|---|
| durchlaufende Zeit t | 0 | 15 | 31 | 49 | 71 | 101 | 147 | (s) |
| Kapazität von E | 34 | 32 | 29 | 27 | 25 | 23 | 22 | ($10^{-12}$ F) |
| Ladung Q auf E | 5,78 | 5,10 | 4,35 | 3,78 | 3,25 | 2,75 | 2,41 | ($10^{-9}$ As) |

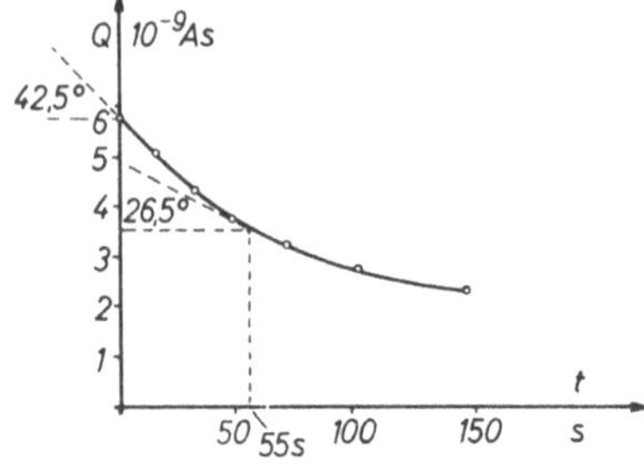


Bild 40
Diagramm für die Entladung des Elektrometers über die Ionisationskammer

Für die Beurteilung des Ladungstransports ist nun nicht die Spannungsanzeige an E entscheidend, sondern die jeweils auf E befindliche Ladung Q. Deswegen ist in der dritten Zeile die jeweilige Kapazität von E (aus der Kapazitätskurve bei Versuch 1.3.) angegeben und in der vierten Zeile die zugehörige Ladung Q berechnet. Q ist in Abhängigkeit von t in dem Diagramm Bild 40 aufgetragen.

Man erkennt den Charakter einer e-Kurve. Der Anstieg dieser Kurve ergibt die jeweilige Stärke des Ionisationsstromes.

Der Anfangsanstieg der Q-Kurve beträgt $-\tan 42,5^0 = -0,92$. Nach Ablauf von 55 s, der Halbwertszeit des Thoron, beträgt er nur noch $-\tan 26,5^0 = -0,50$. Wenn die Messung genau wäre, müßte der Anstieg nach Ablauf von 55 s den Wert -0,46 haben. Die Diskussion der Fehlerquellen gibt Anlaß zu neuen Versuchen. Der Q-Kurve ist sicher der Einfluß eines Kriechstromes aus mangelnder Isolation überlagert. Man wird also die Entladegeschwindigkeit nach Entfernung des Thorons noch beobachten müssen und dann die Auswertung korrigieren. Aber auch die Feldstärke wird in dem geschilderten Meßbeispiel noch zu klein sein, so daß womöglich noch nicht alle entstehenden Ionen abgesaugt werden. Man kann die Richtung, in der sich dieser Fehler auswirkt, diskutieren und dann den Versuch wiederholen mit einem höheren U' und $U_0$. Steht eine genügend hohe Spannung U' nicht zur Verfügung, läßt sich anstelle von U' ein Kondensator einschalten, dessen Kapazität kleiner ist als die des Elektrometers. (Vgl. die Maßnahmen für die Entladungsmethode bei Versuch 2.5.)

## 2.10. Aufnahme der Kennlinie einer Glimmröhre

Schaltskizze: Bild 41

Zubehörteile: $U_0$ Hochspannungsgerät

M Metravo als Hochspannungsvoltmeter geschaltet (180 µA-Bereich mit Vorwiderstand nach S. 15)

G Glimmröhre DGL 43-02 mit Plexiglashalterung

R Vorwiderstand (10 KΩ...200 GΩ)

U' Hilfsspannung (90 V).

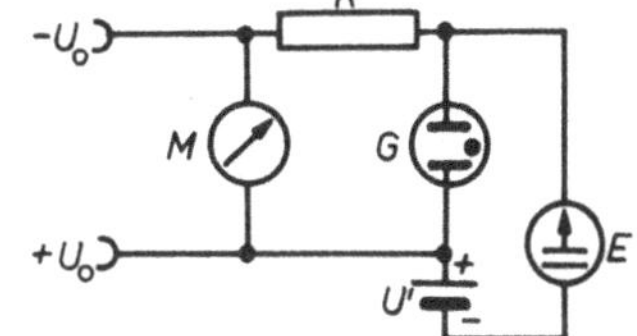


Bild 41
Aufnahme der Kennlinie einer Glimmröhre

Die Betriebsspannung $U_0$ muß eine gute konstante Gleichspannung von sehr geringer Welligkeit sein. Das Elektrometer ist vor dem Versuch sorgfältig mit dem als Hochspannungsvoltmeter geschalteten Metravo zu vergleichen.

Die Spannung $U_0$ wird von Null aus langsam hochgeregelt. Für R setzen wir dabei zunächst einen Höchstohmwiderstand von 200 G Ω ein. Für $U_0$ und $U_E$ lesen wir möglichst viele Meßwerte ab. Um mit den verfügbaren Spannungen in Bereiche höherer Stromstärke zu gelangen, wählt man für R immer kleinere Werte, die im einzelnen aus der folgenden Tabelle zu entnehmen sind (Bild 42):

| R(Ω) | $U_0$(V) | $U_E$(V) | $U_0-U_E$(V) | $I_G = (U_0-U_E)/R$ (A) |
|---|---|---|---|---|
| $2 \cdot 10^{11}$ | 336 | 86 | 250 | $1{,}3 \cdot 10^{-9}$ |
| $2 \cdot 10^{11}$ | 487 | 87 | 400 | $2{,}0 \cdot 10^{-9}$ |
| $2 \cdot 10^{11}$ | 587 | 87 | 500 | $2{,}5 \cdot 10^{-9}$ |
| $2 \cdot 10^{11}$ | 687 | 87 | 600 | $3{,}0 \cdot 10^{-9}$ |
| $2 \cdot 10^{11}$ | 1588 | 88 | 1500 | $7{,}5 \cdot 10^{-9}$ |
| $2 \cdot 10^{11}$ | 2088 | 88 | 2000 | $1{,}0 \cdot 10^{-8}$ |
| $2 \cdot 10^{11}$ | 2588 | 88 | 2500 | $1{,}3 \cdot 10^{-8}$ |
| $2 \cdot 10^{11}$ | 3088 | 88 | 3000 | $1{,}5 \cdot 10^{-8}$ |
| $1 \cdot 10^{9}$ | 107 | 87 | 20 | $2{,}0 \cdot 10^{-8}$ |
| $1 \cdot 10^{9}$ | 118 | 88 | 30 | $3{,}0 \cdot 10^{-8}$ |
| $1 \cdot 10^{9}$ | 150 | 90 | 60 | $6{,}0 \cdot 10^{-8}$ |
| $1 \cdot 10^{9}$ | 201 | 91 | 110 | $1{,}1 \cdot 10^{-7}$ |
| $1 \cdot 10^{9}$ | 251 | 91 | 160 | $1{,}6 \cdot 10^{-7}$ |
| $1 \cdot 10^{9}$ | 298 | 88 | 210 | $2{,}1 \cdot 10^{-7}$ |
| $1 \cdot 10^{8}$ | 119 | 82 | 37 | $3{,}7 \cdot 10^{-7}$ |
| $1 \cdot 10^{8}$ | 241 | 81 | 160 | $1{,}6 \cdot 10^{-7}$ |

Wie man sieht, empfiehlt es sich, für die Auftragung der Kennlinie auf der $I_G$-Achse einen logarithmischen Maßstab zu verwenden. Dann ist es nicht wesentlich, wenn die tatsächlichen Widerstandswerte in der üblichen Toleranz von den angegebenen abweichen.

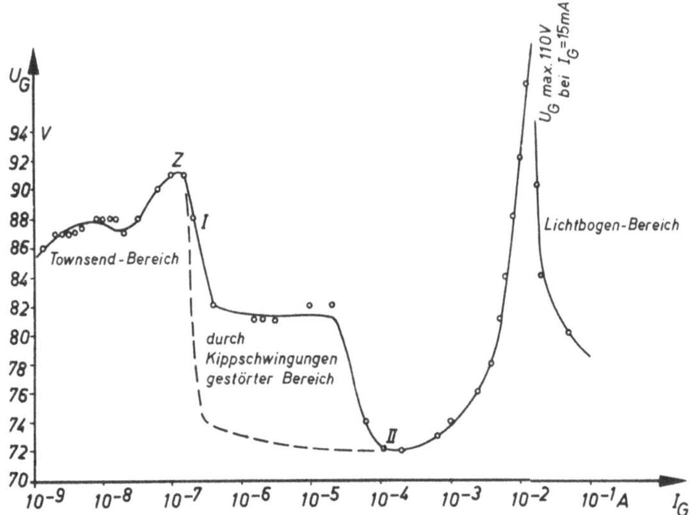


Bild 42
Kennlinie der Glimmröhre DGL 43-02

Für die mitgeteilte Meßreihe wurde das Anfangspotential des Elektrometers durch die Hilfsspannung U' so hoch gelegt, daß der Gesamtausschlag des Elektrometers in den Bereich mit der größten Ablesegenauigkeit gelangte. Noch besser ist es, die Hilfsspannung U' fortzulassen und dafür zwei Glimmröhren hintereinander zu schalten, denn dann verdoppeln sich die Schwankungen in den Meßwerten für $U_E$ (mit $U_E$ ist in der obigen Tabelle die auf die Glimmröhre selbst entfallende Spannung gemeint). Selbstverständlich müssen die Glimmröhren gut gegen einen Lichteinfluß abgedeckt werden. (Vgl. hierzu Versuch 3.9.)

Für die Deutung des Versuches im einzelnen sei verwiesen auf "Gente-Schröder, Die Glimmröhre", Friedr. Vieweg & Sohn, Braunschweig 1963, S. 8 ff. Der vor der Zündung liegende interessanteste Teil der Kennlinie läßt sich auch dadurch in höchst einfacher Weise untersuchen, daß man einen Kondensator über die Glimmröhre entlädt und den zeitlichen Verlauf dieser Entladung aufnimmt. (Vgl. Versuch 1.13.)

## 2.11. Aufnahme einer Sättigungsstromkurve beim Hallwachseffekt

Schaltskizze: Bild 43

Zubehörteile:
- M Metravo, als Hochspannungsvoltmeter geschaltet (180 µA-Bereich mit Vorwiderstand nach S. 15)
- $U_0$ Hochspannungsgerät
- R Vorwiderstand
- U' Hilfsspannung
- P-G Zinkplatte mit gegenüberstehendem Drahtgitter
- L Lichtquelle (Hg-Lampe).

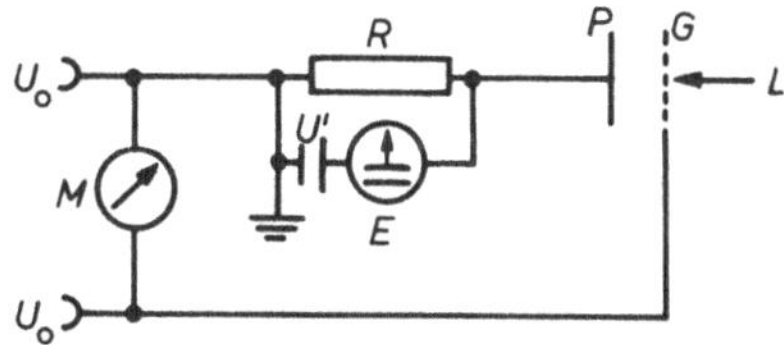


Bild 43
Aufnahme einer Sättigungsstromkurve beim Hallwachseffekt

Mit der angegebenen Apparatur läßt sich der lichtelektrische Effekt sehr einfach und mühelos demonstrieren. Wenn noch kein Licht auf die Zinkplatte fällt, hat die Luftstrecke P-G einen sehr hohen Widerstand, und an R zeigt sich kein meßbarer Spannungsabfall. Damit man diesen bei Belichtung von Anfang an gut messen kann, wird eine Hilfsspannung von 90 V mit R in Reihe geschaltet.

Wichtig ist es, sich zunächst davon zu überzeugen, daß der Ionisationsstrom nur dann meßbar wird, wenn die Zinkplatte P mit dem negativen Pol verbunden ist. Das Zwischenschalten einer Glasplatte hat ebenfalls einen wesentlichen Einfluß. Wenn durch die aus P austretenden Elektronen zwischen P und G Ionen erzeugt werden, muß es eine Spannung an P-G geben, bei der eine Sättigung des Ionisationsstromes eintritt.

Meßbeispiel (Bild 44): R = 100 MΩ gewählt. Als Lichtquelle dient eine der üblichen Hg-Lampen, wie sie z.B. die Firma Leybold, Köln, liefert. Der Abstand des Brenners von der Zinkplatte beträgt 13 cm.

| $U_0$ | 500 | 1000 | 1500 | 2000 | 2500 | 3000 (V) |
|---|---|---|---|---|---|---|
| $U_E$ (nach Abzug von U') | 7 | 19 | 29 | 35 | 38 | 41 (V) |
| $I_J = U_E/R$ | 7 | 19 | 29 | 35 | 38 | 41 ($10^{-8}$ A) |

Die beginnende Sättigung ist deutlich zu erkennen. Soll der Effekt noch mehr hervortreten, muß der Versuch abgeändert werden. Eine größere Entfernung zwischen Zinkplatte und Lichtquelle wird das Angebot an Ionen vermindern, und die Sättigung wird eher eintreten. Eine Verringerung des Abstandes zwischen P und G wird wirksamer sein als eine entsprechende Steigerung der angelegten Spannung.

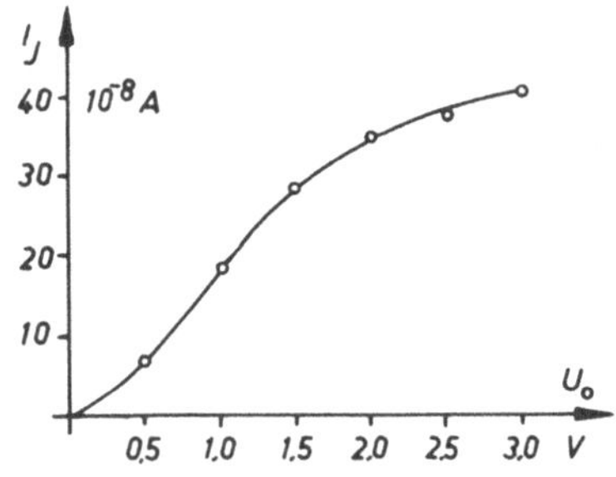


Bild 44
Sättigungsstromkurve für den Ionisationsstrom beim Hallwachseffekt

Wichtig ist die Frage, wie der Ionisationsstrom mit wachsender Entfernung der Lichtquelle absinkt. Eine Verdoppelung der Entfernung führt ziemlich genau zu einer Viertelung des Ionisationsstromes. (Natürlich ist es zweckmäßig, für Messungen mit verminderter Lichtintensität einen größeren Widerstand R einzusetzen.)

Wird statt der Zinkplatte eine Messingplatte verwendet, kann der lichtelektrische Effekt ebenfalls deutlich festgestellt werden. Nur ist dazu, weil der entstehende Ionisationsstrom viel geringer ist, ein Vorwiderstand in der Größenordnung von 100 G Ω erforderlich.

## 2.12. Aufnahme der Kennlinie einer Diode im Sperrbereich

Schaltskizze: Bild 45

Zubehörteile: R' Sicherheitswiderstand (etwa 30 MΩ)
S Schalter
C' Nebenschlußkondensator
D Diode (OA 202)
Stoppuhr.

C' wird mit E auf z.B. 200 V aufgeladen. Dann beobachtet man nach Öffnen des Schalters S, in welcher Zeit t sich C' mit E über die sperrende Diode bis zu einer bestimmten Spannung entlädt.

Meßbeispiel: C' = 0,1 μF

| Entladung bis | 200 | 190 | 180 | 170 | 160 | 150 | 140 | 130 | 120 | 110 | 100 | 90 | 80 (V) |
|---|---|---|---|---|---|---|---|---|---|---|---|---|---|
| in t = | 0 | 2,9 | 5,0 | 8,2 | 10,8 | 13,9 | 16,6 | 20,2 | 23,5 | 28,0 | 33,1 | 41,1 | 50,0 (s) |
| zugehörige Ladungsmenge | 2,0 | 1,9 | 1,8 | 1,7 | 1,6 | 1,5 | 1,4 | 1,3 | 1,2 | 1,1 | 1,0 | 0,9 | ($10^{-5}$ As) |

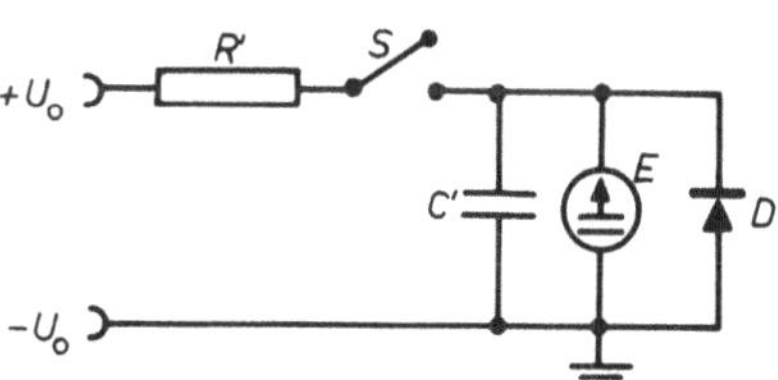


Bild 45
Aufnahme der Kennlinie einer Diode im Sperrbereich

In dem Diagramm Bild 46 ist die Ladung Q auf dem Kondensator C' = 0,1 µF (die Kapazität von E kann demgegenüber vernachlässigt werden) in Abhängigkeit von der Zeit dargestellt. Die Steigungskurve der Q-Kurve ergibt die jeweilige Stromstärke, so daß die Kennlinie der Diode gezeichnet werden kann (Bild 47).

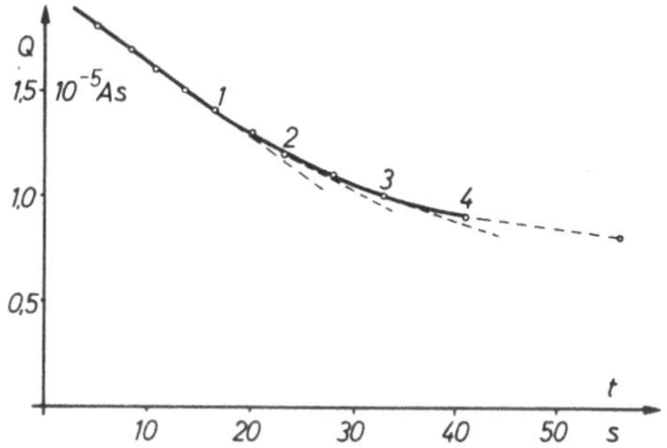

Bild 46
Ermittlung der Kennlinie der Diode OA 202

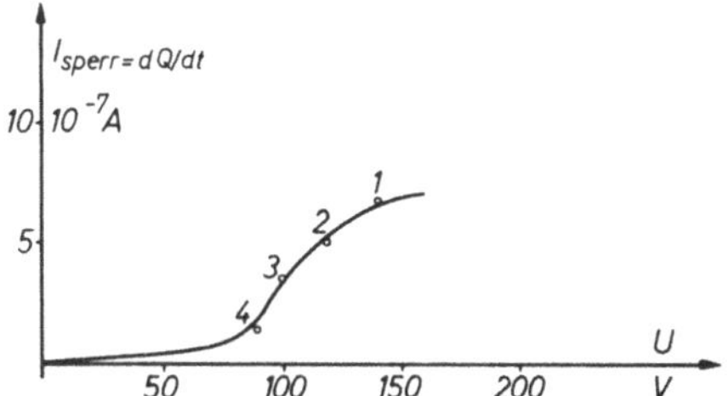


Bild 47
Kennlinie der Diode OA 202

Der Versuch wird besonders interessant, wenn die Diode speziellen Bedingungen unterworfen wird, etwa einer höheren oder tieferen Temperatur.

## 3. Weiterführende Versuche zur Atomphysik

### 3.1. Aufnahme der Braggschen Kurve *)

Schaltskizze: Bild 48

Zubehörteile: $U_0$ Betriebsspannung (Netz- oder Hochspannungsgerät; bis 500 V)
- U' Hilfsspannung (etwa 200 V)
- M gewöhnliches Voltmeter (Metravo)
- R Höchstohmwiderstand
- P Metallplatte
- G Drahtgitter
- H Halterung für das radioaktive Präparat
- Ra radioaktives Präparat (Radiumpfanne oder Strahlerstift zur Wilsonkammer).

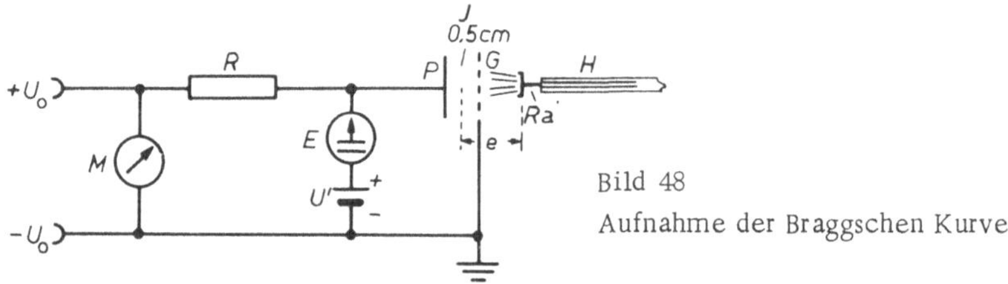


Bild 48
Aufnahme der Braggschen Kurve

Metallplatte und Drahtgitter werden so auf das Schaltbrett gesteckt, daß sie in einem Abstand von 0,5 cm einander gegenüberstehen. Sie bilden dadurch eine offene Ionisationskammer. Das radioaktive Präparat wird an einem waagerechten Stab befestigt, der in einem Plexiglasrohr verschieblich gelagert ist und eine Maßeinteilung trägt. Das Präparat steht dabei dem Drahtgitter G gegenüber, strahlt also in die Ionisationskammer hinein und kann in jeden beliebigen Abstand zur Kammer gebracht werden. Der Abstand des Präparates von der Kammermitte wird mit e bezeichnet.

Ausführung des Versuchs: $U_0$ wird z.B. auf 450 V fest eingestellt, R zu 200 GΩ gewählt. Wie Versuch 2.7. gezeigt hat, ist die Sättigungsfeldstärke in J erreicht, wenn man an die Kammer etwa 400 V anlegt. Damit der Meßbereich von E voll ausgenutzt wird, wählt man also U' = 200 V.

*) Vgl. hierzu die Bemerkungen unter IV.

Wir überzeugen uns zunächst davon, daß über J keine nennenswerten Kriechströme fließen, die das Ergebnis beeinflussen könnten. Wenn überhaupt kein Kriechstrom vorhanden ist, muß die Kammer J (wie ein Kondensator) allmählich über R auf 450 V aufgeladen werden. Die Messung ergibt, daß die Spannung $U_J = U' + U_E$ nicht über 438 V steigt. Der Kriechstrom ist also unwesentlich.

Wir setzen dann das Präparat Ra ein, und zwar zunächst in einer Entfernung e = 7 cm von der Mitte der Ionisationskammer. Jetzt sinkt der Ausschlag an E und spielt sich nach einiger Zeit auf $U_J = 384$ V ein. An R wirkt jetzt also eine Spannung von 450 V - 384 V = 66 V. Der damit verbundene Strom ersetzt gerade die Ladung, die infolge der durch Ra verursachten Ionisation über J abfließt; der Ionisationsstrom in J wird also durch $I_J = (U_0 - U_J)/R$ angegeben.

Meßwerte (Bild 49):

| e | 7 | 6 | 5 | 4 | 3 | 2 | 1 (cm) |
|---|---|---|---|---|---|---|---|
| $U_J$ | 384 | 376 | 363 | 354 | 339 | 336 | 366 (V) |
| $U_0 - U_J$ | 66 | 74 | 87 | 96 | 111 | 114 | 84 (V) |
| $I_J$ | 3,3 | 3,7 | 4,4 | 4,8 | 5,6 | 5,7 | 4,2 ($10^{-10}$ A) |

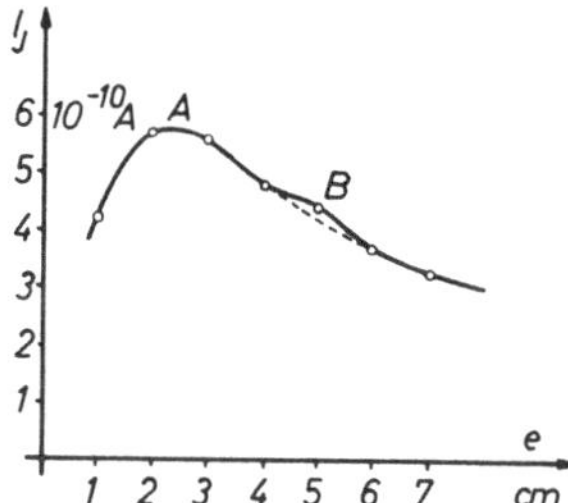


Bild 49
Braggsche Kurve

Da $U_J$ immer in der Nähe von 400 V bleibt, befinden wir uns nach Versuch 2.7. im Sättigungsbereich, so daß alle entstehenden Ionen jeweils erfaßt werden.

Die Ionisationsstromkurve weist deutlich zwei Gipfelpunkte A und B auf. Sie rühren von zwei verschiedenen Alpha-Strahlern her, mit 3,5 cm und 6,5 cm Reichweite, die in dem Präparat enthalten sind und deren Strahlungen sich hier überlagern. (Über die Erklärung der Kurve im einzelnen, insbesondere über das Verhalten der Kurve für kleine e, vgl. "Schröder, Atomphysik in Versuchen", Friedr. Vieweg & Sohn, Braunschweig 1959, S. 133 f.)

## 3.2. Absorptionsmessungen an einem radioaktiven Präparat

Schaltskizze: Bild 50

Zubehörteile: $U_0$ Netzgerät (200 V)

S Schalter

J Ionisationskammer (wie bei Versuch 2.7.)

Ra radioaktives Präparat (Radiumpfanne oder Strahlerstift zur Wilsonkammer)

F Folie aus dünnem Schreibpapier (Luftpostpapier) oder Alu-Folie von 0,01 mm Dicke).

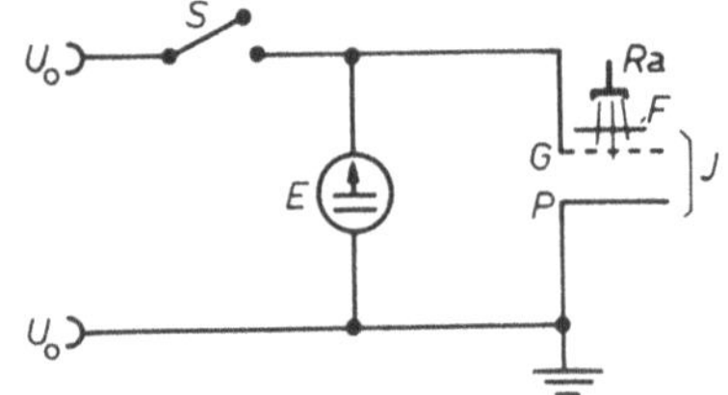


Bild 50
Absorptionsmessungen an einem radioaktiven Präparat

Ziel des Versuches ist es, festzustellen, wie der Ionisationsstrom zurückgeht, wenn das radioaktive Präparat mit einer zunehmenden Anzahl von Papier- oder Alu-Folien abgedeckt wird. Daraus sollen Schlüsse gezogen werden auf die Art und eventuell die Zusammensetzung der Strahlung.

Als Meßmethode eignet sich hier das auf S. 12 geschilderte Verfahren, aus der Geschwindigkeit, mit der sich das aufgeladene Elektrometer entlädt, Rückschlüsse auf den in J fließenden Ionisationsstrom zu ziehen.

Wir laden das Elektrometer über den Schalter S auf 200 V auf und beobachten nach Öffnen des Schalters, in welcher Zeit sich E von 200 V auf 150 V entlädt. Das radioaktive Präparat Ra steht dabei unmittelbar vor dem Drahtgitter von J. Zwischen Ra und J werden nacheinander 1, 2, ... Papierfolien angebracht.

Meßbeispiel:

| Anzahl der Folien | t(s) | 1/t (1/s) | Reduktionsfaktor | |
|---|---|---|---|---|
| 0 | 8,1 | 0,1240 | 0,41 | |
| 1 | 19,5 | 0,0510 | 0,36 | I |
| 2 | 54,5 | 0,0180 | 0,42 | |
| 3 | 133,5 | 0,0075 | 0,61 | |
| 4 | 219 | 0,00460 | 0,91 | |
| 5 | 240 | 0,00419 | 0,87 | II |
| 6 | 275 | 0,00365 | 0,95 | |
| 7 | 287 | 0,00350 | | |

t ist die genannte Entladungszeit. Dann stellt der Wert 1/t ein Maß für den Ionisationsstrom dar. In der letzten Spalte ist berechnet, welche Reduktion des Ionisationsstromes jeweils eintritt, wenn eine weitere Papierfolie eingeschoben wird. Das Ergebnis ist ungemein überraschend. Es ergeben sich zwei deutlich unterschiedene Wertebereiche für den Reduktionsfaktor, den wir mit $e^{-\alpha}$ bezeichnen wollen. Im Bereich I sind die Werte um 0,40 gruppiert, im Bereich II um 0,91. Die Strahlung muß sich also aus zwei ganz verschiedenen Grundbestandteilen zusammensetzen. Es ist anzunehmen, daß im Bereich I die Alpha-Strahlung angesprochen wird, im Bereich II dagegen die sehr viel durchdringungsfähigere Beta-Strahlung.

Wenn man das Ergebnis dieses Versuches mit der Braggschen Kurve, die in Versuch 3.1. aufgenommen wurde, vergleicht, wird man zu einer Ergänzung dieses Versuches veranlaßt. Es wäre immerhin möglich, daß die beiden oben besprochenen Strahlungskomponenten die beiden verschiedenen Alpha-Strahler mit Reichweiten von 3,5 cm bzw. 6,5 cm sind, auf die man beim Betrachten der Braggschen Kurve geführt wird. Man wird also den Versuch 3.2. wiederholen, nachdem man das Präparat in einer Entfernung von J aufgestellt hat, die die genannten Reichweiten übertrifft. Dann dürfte nur noch der der Beta-Strahlung zugeordnete Reduktionsfaktor 0,91 auftreten.

Näheres zu diesem Fragenkomplex siehe in "Schröder, Atomphysik in Versuchen", Friedr. Vieweg & Sohn, Braunschweig 1959, S. 149 f.

## 3.3. Messung der Dauer von Glimmentladungen

Schaltskizze: Bild 51

Zubehörteile:
- $U_0$ Betriebsspannung (Netzgerät 0...300 V)
- P Potentiometer mit Abzweigschalter
- S Schalter
- G zwei in Serie geschaltete Glimmröhren DGL 43-02
- R Widerstand (1000 Ω)
- D Diode (OA 202)
- $C_1$ Kondensator (0,2...1 µF)
- $C_2$ Kondensator (0,1 µF).

In dieser Schaltung wird der Kondensator $C_1$ auf eine bestimmte Spannung geladen und dann über die Glimmröhre G ohne Vorwiderstand entladen. Die Zeit, die benötigt wird, um die Spannung des Kondensators bis unter die Löschspannung der Glimmröhre abzubauen, soll gemessen werden. Dies geschieht auf folgende Weise:

An dem Potentiometer P wird zunächst eine Spannung abgegriffen, die gerade über der Löschspannung des Glimmröhrenaggregats liegt. Auf diese Spannung U' laden wir über den Abgriffschalter des Potentiometers den dem Elektrometer parallelgeschalteten Kondensator $C_2$ auf. Dann bringen wir den Schalter S in Stellung I und laden den Kondensator $C_1$, dessen Kapazität man frei wählen kann, auf die ebenfalls frei wählbare Spannung $U_0$ auf; $U_0$ muß nur die Zündspannung übertreffen. Schließlich wird der Schalter S nach Stellung II umgelegt: G zündet, und $C_1$ entlädt sich bis zur Löschspannung von G, die unterhalb von U' liegt. In der Zeit, während der die Spannung an $C_1$ über der an $C_2$ liegt, brennt also G, und diese Überspannung lädt $C_2$ zusammen mit dem Elektrometer über den Widerstand R von 1 000 Ω und die Siliziumdiode OA 202 auf die Spannung $U_2$ auf, die man am Elektrometer abliest. Aus dem Spannungsunterschied $U_2$ - U' an $C_2$ und dem bekannten R kann die Zeit ermittelt werden, die benötigt wurde, um diesen Potentialunterschied abzubauen. Die Siliziumdiode ist erforderlich, weil sie bei kleinem Durchlaßwiderstand einen extrem hohen Sperrwiderstand von $10^9$ Ω hat und dadurch die Ladung genügend lange auf $C_2$ hält.

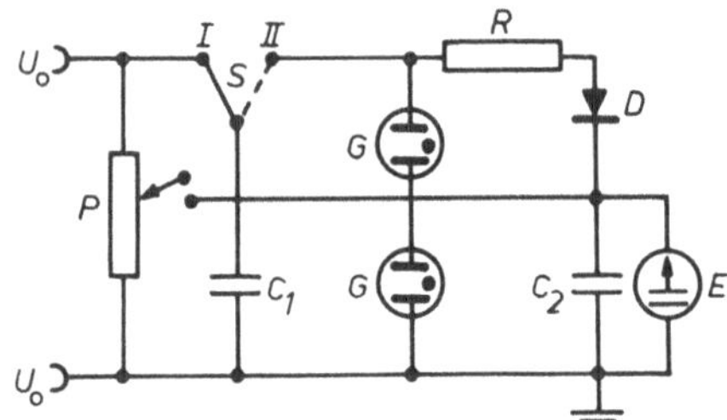


Bild 51
Messung der Dauer von Glimmentladungen

Dadurch, daß zwei Glimmröhren hintereinander geschaltet werden, liegen alle vorkommenden Spannungen in einem günstigen Bereich der Elektrometerskala. Die Spannung $U_0$ muß mit einem Metravo besonders gemessen werden.

Die durch diesen Versuch gemessene Entladezeit hängt von mehreren Komponenten ab, und zwar davon, wie hoch die Spannung $U_0$, d.h. die vor der Zündung vorhandene Feldstärke, gewählt wird, ob die Glimmröhren belichtet werden oder nicht, wie groß der Kondensator $C_1$ ist, welche Temperatur in der Glimmröhre herrscht, und ob die Glimmröhren von sonstigen Strahlungseinflüssen (Nulleffekt) abgeschrimt werden oder nicht. Einige dieser Fragen lassen sich auch in Schülerversuchen beantworten. Näheres hierzu siehe in "Gente-Schröder, Die Glimmröhre", Friedr. Vieweg & Sohn, Braunschweig 1963, S 42 ff.

Die Entladezeiten haben eine Größenordnung von $10^{-4}$ s. Es ist erstaunlich, daß derartig kleine Zeiten mit einem so einfachen Instrumentarium gemessen werden können. Es handelt sich im Grunde um die auf S. 13 besprochene Schaltung für die Messung von Zeiten. Doch wird jetzt der Kondensator $C_1$ nur einmal aufgeladen, an die Stelle der Schalterröhre T tritt der Schalter S, und die Glimmröhre liegt zwischen den Punkten 1 und 2 (siehe Bild 8). Hinzu kommt noch, daß jetzt die Vorladung des Kondensators $C_2$ auf die Spannung U' erforderlich ist, um nur die Zeit zu messen, während der die Spannung an der Glimmröhre über der Löschspannung liegt.

Falls das auf S. 13 besprochene Zeitmeßgerät vorhanden ist oder leicht durch Hinzufügen der Schalterröhre aufgebaut werden kann, kann man zur Übung des Verfahrens die Zeit messen lassen, die bei Fallversuchen über kleine, nur wenige Zentimeter betragende Fallstrecken auftritt, oder die Zeit, während der sich zwei elastische Metallkugeln beim Stoße berühren.

### 3.4. Messung der Kippamplitude einer Glimmröhre in Abhängigkeit von der Kippfrequenz

Schaltskizze: Bild 52

Zubehörteile:
- $U_0$ Betriebsspannung (Netzgerät 0...300 V)
- R Hochohmwiderstand (1,5 MΩ)
- C Drehkondensator (500 pF)
- G zwei in Serie geschaltete Glimmröhren DGL 43-02
- D Diode (OA 202)
- S Schalter
- M gewöhnliches Voltmeter (Metravo).

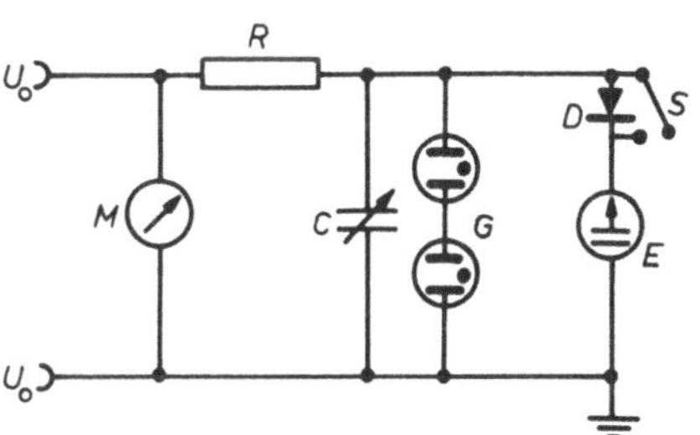


Bild 52
Messung der Kippamplitude einer Glimmröhre in Abhängigkeit von der Kippfrequenz

Dieser Versuch ergänzt insofern die Aussage des Versuchs 3.3., als auch er Aufschlüsse vermittelt über die Zeit, in der die Vorgänge sich in einer Glimmröhre abspielen. Hier ist es die Zeit, in der sich die Raumladungen, die zur Zündung der Glimmröhre wesentlich beitragen, wieder zurückbilden.

Wir betreiben die Glimmröhre G in einer durch R und C gegebenen Hittorfschen Schaltung. Die Größe der Schaltelemente ist so gewählt, daß eine ziemlich hohe Frequenz entsteht, die man durch Verändern der Betriebsspannung und des Drehkondensators noch in gewissen Grenzen variieren kann.

Die an G liegende Spannung wird an das Elektrometer angelegt, und zwar schaltet man die Ventilwirkung der Diode zunächst durch Schließen des Schalters S aus. Dann stellt sich das Elektrometer auf einen Spannungswert ein, der das arithmetische Mittel zwischen Zünd- und Löschspannung ist. $U_0$ sei dabei die niedrigste Spannung, bei der der Kippvorgang noch aufrechterhalten wird. Öffnet man den Schalter, zeigt das Elektrometer die Zündspannung an. Die Differenz zwischen beiden Elektrometeranzeigen bedeutet also die halbe Kippamplitude.

Wiederholt man nun den Versuch bei höheren $U_0$, so stellt man bei einem bestimmten $U_0$ fest, daß die Kippamplitude ganz wesentlich zurückgeht und schließlich Null wird. Von diesem Augenblick an ist die Kippfrequenz, die man aus den Daten der Kippschaltung errechnen *) kann, so groß geworden, daß die Raumladung in der Glimmröhre sich zwischen zwei Kippvorgängen nicht mehr vollständig zurückbilden kann.

Bei der Auswertung muß man berücksichtigen, daß die Kapazität des Elektrometers in der Hittorfschen Schaltung mitwirkt, wenn die Diode überbrückt ist; ist die Überbrückung aufgehoben, wirkt sie jedoch nicht mit.

Man könnte untersuchen, ob sich diese Grenzfrequenz ändert, wenn man die Glimmröhre stark abkühlt, etwa mit Kohlensäureeis.

### 3.5. Messung der Entladespannung des Kondensators einer Hittorf-Schaltung

Schaltskizze: Bild 53

Zubehörteile:
- $U_0$ Betriebsspannung (Netzgerät)
- R Widerstand der Hittorf-Schaltung
- C Kondensator der Hittorf-Schaltung
- G zwei in Serie geschaltete Glimmröhren DGL 43-02
- D Diode (Gleichrichter) (OA 202)
- C' Hilfskondensator (50 pF)
- S Schalter.

Wenn die Glimmröhre in einer Hittorf-Schaltung verlöscht, ist dies darauf zurückzuführen, daß bei einer bestimmten Spannung in der Glimmröhre die Anzahl

*) Siehe "Gente-Schröder, Die Glimmröhre", Friedr. Vieweg & Sohn, Braunschweig 1959, S. 62.

der pro Sekunde durch Wiedervereinigung verlorengehenden Ladungsträger die Anzahl der durch Ionisation neu erzeugten zu überschreiten beginnt. Von diesem Augenblick an muß die Ladungswolke in der Glimmröhre noch auf Kosten der Ladung des Kondensators C aufgelöst werden. Ist C sehr klein, ist die Ladungswolke ebenfalls klein. Eine kleine Ladungswolke löst sich aber schneller durch Wiedervereinigung auf als eine größere. Die Spannung, bis zu der sich C entlädt, bleibt also bei kleinem C höher als bei größerem. Wird C beträchtlich größer, so kann die Ladungswolke nur bis zur Ausleuchtung der Glimmröhre wachsen, und die Entladung geht nur langsamer vor sich. Von einem bestimmten C ab ist dann immer dieselbe Ladungswolke aufzulösen, und die auf C bleibende Spannung müßte mit wachsendem C wieder steigen. (Näheres siehe in "Gente-Schröder, Die Glimmröhre", Friedr. Vieweg & Sohn, Braunschweig 1963, S. 80.)

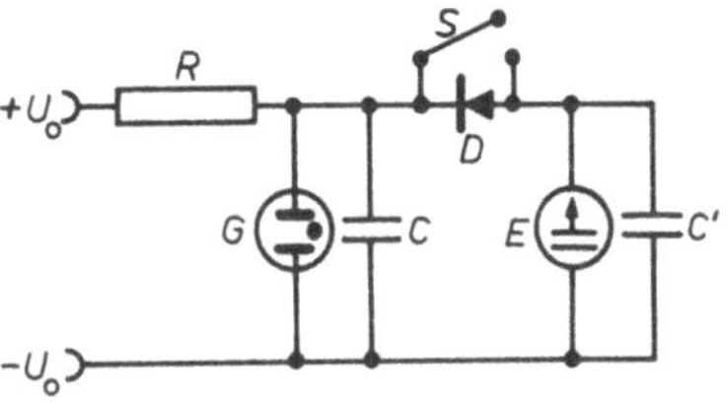


Bild 53
Messung der Entladespannung des Kondensators einer Hittorfschaltung

Ausführung des Versuchs: Da G aus zwei hintereinander geschalteten Glimmröhren besteht, braucht man das Potential von E nicht durch eine Hilfsspannung zu erhöhen, um gut ablesbare Meßwerte zu erhalten. Man wählt ein geeignetes R, so daß der Kippvorgang noch gut beobachtet werden kann. Für C werden wahlweise nacheinander verschiedene Kapazitäten eingesetzt, und jedesmal wird durch Überbrücken der Diode der Kondensator C' und mit ihm das Elektrometer auf die Zündspannung von G gebracht. Öffnet man den Schalter S wieder, entlädt sich das Elektrometer allmählich bis zu der Spannung $U_C$, die sich nach dem Verlöschen von G auf C einstellt.

Meßbeispiel:

| C | 500 pF | 5 nF | 0,1 µF | 0,2 µF | 0,5 µF | 1 (µF) |
|---|---|---|---|---|---|---|
| R | 30 | 30 | 30 | 30 | 1 | 1 (MΩ) |
| $U_C$ | 114 | 123 | 135 | 137 | 137 | 137 (V) |

Die Spannung $U_C$ nähert sich offenbar bei beliebig wachsendem C dem Werte 137 V asymptotisch an. Wir wollen die $\Delta U_C$, die sich als Differenz zwischen dem jeweiligen $U_C$ und diesem Wert ergeben, über den Kapazitätswerten von C auftragen (Bild 54):

| C | $\Delta U_C$ (V) |
|---|---|
| 500 pF = 0,5 nF | 23 |
| 5 nF | 14 |
| 0,1 µF = 100 nF | 2 |
| 0,2 µF = 200 nF | 0 |

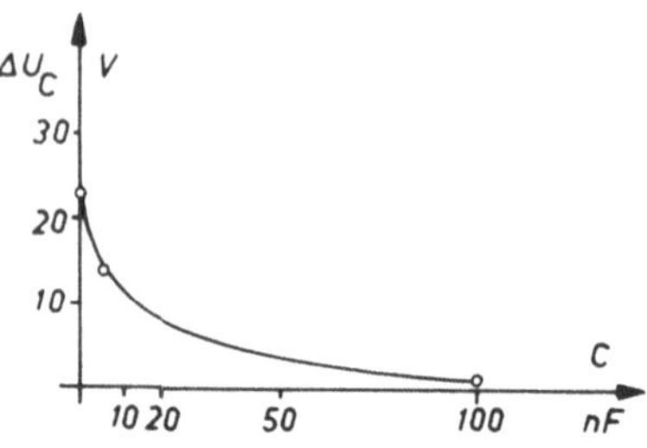


Bild 54
Diagramm der $\Delta U_C$ in Abhängigkeit vom Kapazitätswert des Kondensators

Der Bereich C < 500 pF wird durch dieses Diagramm nicht mehr erfaßt. Aus den oben geschilderten Gründen muß in diesem Bereich $\Delta U_C$ wieder kleiner werden.

Mit der Schaltung dieses Versuchs kann man auch nachweisen, daß bei einer Belichtung der Glimmröhre sich die Löschspannung $U_C$ nicht ändert. Das Licht führt nur zur Herabsetzung der Zündspannung.

## 3.6. Messung der Bremsspannung für Photoelektronen

Schaltskizze: Bild 55

Zubehörteile:
- G zwei in Serie geschaltete Glimmröhren DGL 43-02 mit abgedeckten Anoden
- L Hg-Lampe
- F Blau- und Gelb-Filter
- C Drehkondensator (1 000 pF)
- U' Hilfsspannung (etwa 10 V)
- S Schalter.

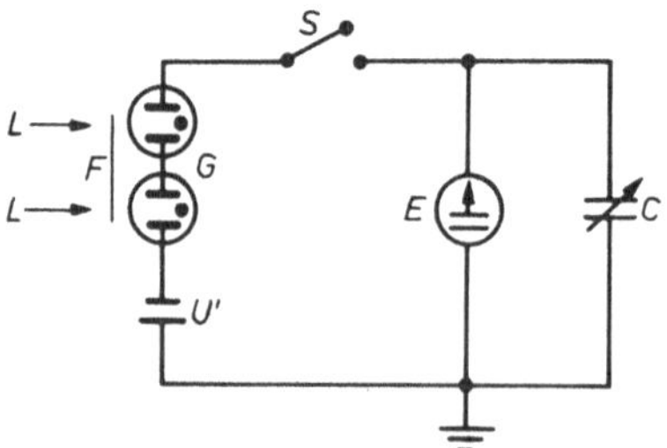


Bild 55
Messung der Bremsspannung für Photoelektronen

Die Glimmröhren G sind so auf einem Plexiglashalter angebracht, daß von derselben Lichtquelle L beide Katoden belichtet werden. Die beiden Anoden sind abgedeckt. Bei U' = 0 würden diese Glimmröhren, wenn sie belichtet werden, das Elektrometer E bis zu der doppelten Bremsspannung aufladen, die dem Photon des jeweiligen Lichtes entspricht (Verdoppelung wegen der Serienschaltung der beiden Röhren). Da diese Bremsspannung in der Größenordnung von 1 V liegt, würde sie auch dann noch keinen meßbaren Ausschlag an E hervorrufen, wenn man sie mit dem Drehkondensator C vervielfacht (vgl. Versuch 1.5.). Deswegen werden die beiden Glimmröhren noch mit einer konstanten Hilfsspannung U' (von etwa 10 V) in Reihe gelegt. Man führt dann zwei Messungen durch: Bei der ersten polt man U' so, daß sich U' und die Bremsspannungen addieren, bei der zweiten polt man U' um. Dabei ist zu beachten, daß vor jeder Messung G einen Augenblick kurzgeschlossen wird, denn sonst herrscht bei der zweiten Messung eine Gegenspannung an G, die jeden Photostrom unterdrückt.

Der Unterschied zwischen den Ergebnissen beider Messungen bedeutet dann die doppelte Bremsspannung der beiden Glimmröhren zusammen, im ganzen also den vierfachen Wert der Bremsspannung, die für eine Glimmröhre aufgewandt werden müßte. Auf diese Weise wird die Genauigkeit der Messung wesentlich erhöht.

Meßbeispiel: Entfernung LG etwa 13 cm
U' = 10,5 V
Es werden Interferenzfilter für die blaue und die gelbe Hg-Linie verwandt.

Für blaues Licht ergibt sich bei Addition der Spannungen nach Vervielfachung durch den Drehkondensator ein Ausschlag von 196 V, bei Subtraktion der Spannungen sind es 135 V. Für gelbes Licht sind die entsprechenden Werte 176 V und 152 V.

Eine Eichmessung ergibt, daß durch den Drehkondensator C die Spannungsanzeige mit dem Faktor k = 12,3 in diesem Meßbereich vervielfacht wird.

Somit beträgt die Bremsspannung in einer einzelnen Glimmröhre

bei blauem Licht $U_{blau} = \frac{196 - 135}{4} \cdot \frac{1}{k} V = \frac{61}{4 \cdot 12,3} V = 1,24 V$

bei gelbem Licht $U_{gelb} = \frac{176 - 152}{4} \cdot \frac{1}{k} V = \frac{24}{4 \cdot 12,3} V = 0,49 V$.

Beim Übergang von gelbem zu blauem Licht ändert sich also die Bremsspannung um 1,24 V - 0,49 V = 0,75 V. Der theoretische Wert beträgt 0,71 V.

Für die weitere Auswertung bis zur Bestimmung des elementaren Wirkungsquantums siehe "Schröder, Atomphysik in Versuchen", Friedr. Vieweg & Sohn, Braunschweig 1959, S. 197 f. Man kann sich in weiteren Versuchen davon überzeugen, daß sich die Meßwerte nicht wesentlich ändern, wenn man durch Verschieben von L die Intensität des Lichtes steigert.

Für die Verminderung der Lichtintensität ergibt sich natürlich schnell eine Grenze, da die durch mangelnde Isolation bedingten Kriechströme die Photoströme bald übersteigen.

Bei der Verwendung einer UV-Linie des Hg-Lichtes (z.B. 0,366 µm) zeigt sich ein überraschender Effekt. Die Bremsspannungen müßten größer sein als die oben ermittelten Werte, sie fallen jedoch zumeist kleiner aus! Die Erklärung liegt in dem sogenannten Gegenstromeffekt: Es läßt sich nicht vermeiden, daß Streulicht auch die Anode trifft. Das UV-Licht löst aus der Anode ebenfalls Elektronen aus, für die die aufgebaute Bremsspannung als Saugspannung wirkt. Dies führt, da sich ein Gleichgewichtszustand einspielen muß, zu einer verminderten Bremsspannung.

## 3.7. Abhängigkeit der Glühelektronen-Emission von der Energie des Heizstromes

Schaltskizze: Bild 56

Zubehörteile: $U_0$ Betriebsspannung (Netzgerät)
$U_H$ Heizspannung (0...4 V, 3 A)
A Amperemeter (0...3 A)
H Heizwiderstand (0...2,5Ω)
G Glühlampe für den Edison-Effekt
S Schalter
C' Nebenschlußkondensator
Stoppuhr.

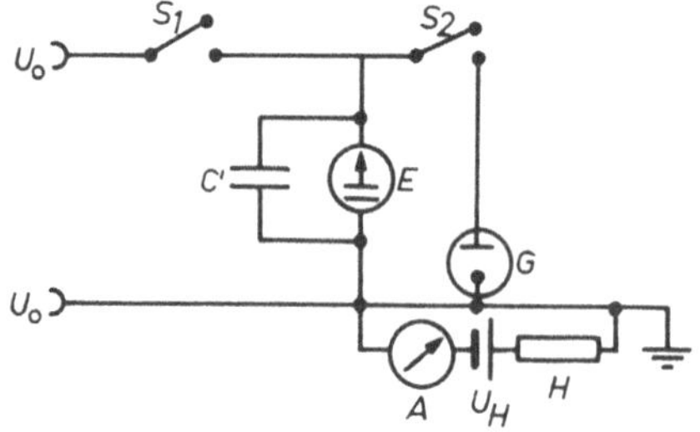


Bild 56
Abhängigkeit der Glühelektronen-Emission von der Energie des Heizstromes

G ist eine spezielle Glühlampe für den Edison-Effekt, wie sie von den Lehrmittelfirmen geliefert wird. Sie verträgt eine Heizspannung von 4 V und nimmt dabei etwas mehr als 2 A auf.

Bekanntlich kann man den glühelektrischen Effekt mit Hilfe dieser Lampe unter Verwendung normaler Meßinstrumente (Mikroamperemeter) zeigen. Mit dem Elektrometer gelingt es aber, zu untersuchen, wie stark die Elektronen-Emission von der Temperatur des Glühfadens abhängt. Auch mit einem Spiegelgalvanometer könnte das Absinken der Elektronen-Emission nicht so weit verfolgt werden.

Der Heizkreis von G besteht aus der Spannungsquelle $U_H$, dem Amperemeter A und dem regelbaren Widerstand H. Laden wir das Elektrometer auf und verbinden seinen empfindlichen Anschluß mit dem hochisolierten Anschluß von G, so fließt die Ladung des Elektrometers ab, wenn es positiv aufgeladen ist. Bei umgekehrter Polung bleibt die Ladung bestehen. Dies ist nur möglich, wenn in G lediglich Elektronen aus dem Heizfaden austreten. Wenn das Elektrometer positiv aufgeladen ist, wirkt auf die Glühelektronen eine Saugspannung, die bei geringer Heizung des Glühfadens sicher groß genug ist, um sämtliche entstehenden Elektronen abzusaugen.

Man lädt also E etwa auf 200 V positiv auf und beobachtet, in welcher Zeit bei der Entladung über G die Spannung des Elektrometers um 10 V zurückgeht. Um bei jeder Heizstromstärke gut meßbare Zeiten zu erzielen, legt man in den Nebenschluß von E jeweils einen passenden Kondensator C'.

Meßbeispiel (Bild 57):

| Stromstärke in G (A) | Entladezeit t für $\Delta U = 10$ V (s) | C' | I (errechnet) (A) |
|---|---|---|---|
| 1,8 | 56 | 500 pF | $0,9 \cdot 10^{-10}$ |
| 1,9 | 16 | 500 pF | $3,1 \cdot 10^{-10}$ |
| 2,0 | 35 | 5 nF | $1,4 \cdot 10^{-9}$ |
| 2,1 | 10 | 5 nF | $5,0 \cdot 10^{-9}$ |

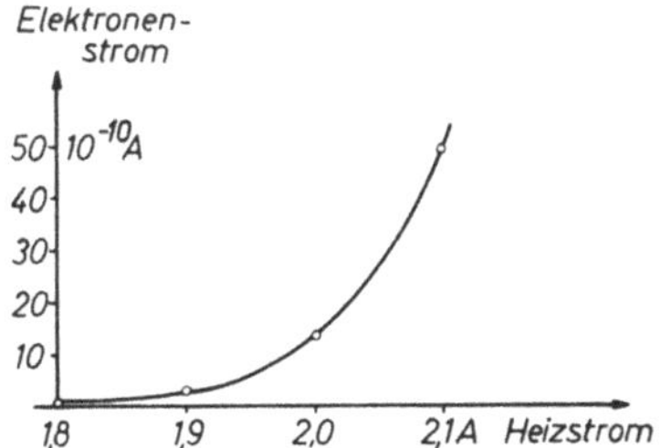


Bild 57
Abhängigkeit der Glühelektronen-Emission von der Heizstromstärke

Man sieht, wie beträchtlich die Elektronen-Emission mit dem Heizstrom*) und damit der Glühfadentemperatur ansteigt.

Die Frage, ob wirklich alle entstehenden Elektronen abgesaugt werden, läßt sich leicht durch ein zusätzliches Experiment beantworten. Man braucht nur dem Elektrometer einen passenden Kondensator vorzuschalten und kann dann die Spannung $U_0$ und damit die in G wirkende Saugspannung erhöhen.

## 3.8. Spitzenzählerversuch

Schaltskizze: Bild 58

Zubehörteile: $U_0$ Hochspannungsgerät
R Höchstohmwiderstand
G, P Metallplatte und -Gitter
Z Spitzenzähler.

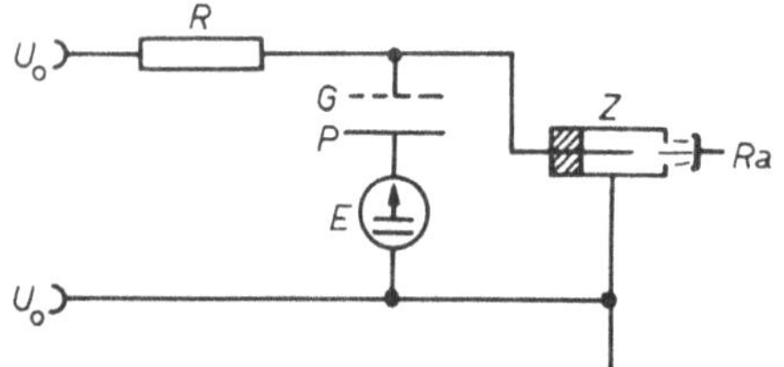


Bild 58
Spitzenzählerversuch

Für $U_0$ wählen wir eine Spannung von 4000 V, für R 10 GΩ (eventuell 100 GΩ). G - P einerseits und das Elektrometer E andererseits stellen zwei hintereinandergeschaltete Kondensatoren von insgesamt recht kleiner Kapazität dar. Die angelegte Spannung verteilt sich im umgekehrten Verhältnis der Einzelkapazitäten auf G - P und das Elektrometer. Wenn G und P einen Abstand von 19 mm (Abstand der Steckerstifte) haben, zeigt E bei dem angegebenen $U_0$ etwa 100 V an. Natürlich wird diese Spannungsverteilung im Laufe der Zeit gestört, da die Kondensatoren auch endliche Widerstände haben und sich die Spannungsverteilung allmählich nach diesen richtet.

Man entlädt zu Beginn des Versuches bei angelegtem $U_0$ zunächst das Elektrometer und läßt es sich dann langsam wieder aufladen. Hierbei tritt eine Zeigerstellung ein, bei der der empfindliche Bereich des Spitzenzählers erreicht ist, und man kann deutliche unregelmäßige Ausschläge des Zeigers beobachten, wenn man den üblichen radioaktiven Stecknadelknopf vor die Öffnung von Z hält. Der Spitzenzähler besteht aus einem an einer Seite offenen Metallrohr, in

*) Eigentlich müßte die Emission über der Heiz*leistung* aufgetragen werden.

das eine sehr gut isolierte Metallspitze eingeführt ist; er wird als Zubehör zum Wulf-Elektroskop von der Lehrmittelindustrie geliefert.

## 3.9. Die Kennlinie einer belichteten Glimmröhre vor der Zündung

Schaltskizze: Bild 59

Zubehörteile: M gewöhnliches Voltmeter (Metravo)
$U_0$ Netzgerät (0...300 V)
R Höchstohmwiderstand (10 GΩ)
G zwei in Serie geschaltete Glimmröhren DGL 43-02
L Hg-Lampe
U' Hilfsspannung (90 V).

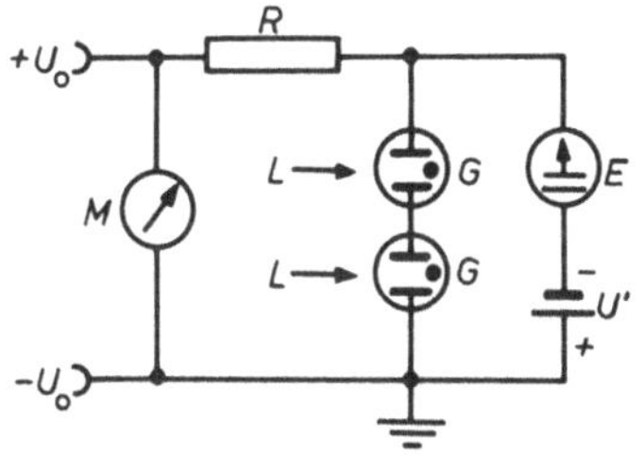

Bild 59
Die Kennlinie einer belichteten Glimmröhre vor der Zündung

Die Hilfsspannung U' dient dazu, das Anfangspotential des Elektrometers zu erhöhen. $U_E$ - U' ergibt also die an den beiden Glimmröhren liegende Spannung $U_G$. Sie wirkt bei der vorgesehenen Polung als Saugspannung für die durch das Licht in den Glimmröhren ausgelösten Elektronen.

Wir messen zunächst den bei abgedunkelten Glimmröhren auftretenden Vorstrom, um ihn mit dem Gesamtstrom zu vergleichen, der bei Belichtung entsteht. Er ist in Bild 60 gestrichelt eingetragen.
Bei Belichtung erhalten wir jedoch zusätzlich einen beachtlichen Photostrom.

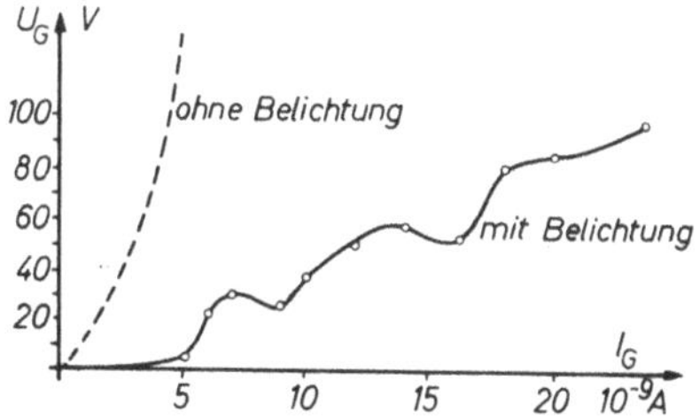

Bild 60
Kennlinie belichteter Glimmröhren vor der Zündung

Meßbeispiel: Bei nicht gefiltertem Hg-Licht ergeben sich folgende Werte:

| | | | | | | | | | | | | |
|---|---|---|---|---|---|---|---|---|---|---|---|---|
| | $U_0$ | 55 | 82 | 100 | 116 | 137 | 170 | 197 | 213 | 260 | 285 | 335 (V) |
| | $U_G$ | 5 | 22 | 30 | 26 | 37 | 50 | 47 | 61 | 80 | 85 | 97 (V) |
| daraus | $U_R$ | 50 | 60 | 70 | 90 | 100 | 120 | 140 | 162 | 180 | 200 | 238 (V) |
| | $I_G$ | 5,0 | 6,0 | 7,0 | 9,0 | 10 | 12 | 14 | 16,2 | 18 | 20 | 23,8 ($10^{-9}$ A) |

Wir tragen $U_G$ über $I_G$ auf. Man sieht zunächst aus Bild 60, daß der bei Belichtung entstehende Gesamtstrom erheblich größer ist als der bei Dunkelheit sich ergebende Vorstrom. Die Kurve hat einen eigenartigen oszillierenden Charakter; offenbar geht eine stufenweise Ionisation vor sich. Bei 30 V sind die von der Saugspannung beschleunigten Photoelektronen wohl in der Lage, eine einzelne Ionisationsschicht zu bilden, bei 57 V zwei derartige Schichten usf. Das Ganze erinnert an die bekannten geschichteten Entladungen, die bei größeren Entladungsröhren nach der Zündung beobachtet werden können. Bei diesen stammen die Elektronen, die die Schichten verursachen, aus dem Dunkelraum der gezündeten Röhre, hier sind es die Photoelektronen der noch nicht gezündeten Röhre.

Zusätzliche Messungen könnten klären, ob und wie sich die beobachtete Erscheinung mit der Intensität und der Farbe des Lichtes ändert.

## 3.10. Piezoelektrischer Grundversuch

Schaltskizze: Bild 61

Zubehörteile: Se Seignettesalz-Kristall *) (hier das von der Firma Leybold, Köln, gelieferte verwendet)

U' Hilfsspannung (90 V)

D Diode OA 202

dazu einige gleiche Gewichtsstücke (hier Eisenjoche des bekannten Experimentiertrafos der Phywe verwendet).

Wir schalten den Kristall so zu der Hilfsspannung U' (die hier verwandt wird, um gut ablesbare Meßwerte zu erhalten), daß sich die Piezo-Spannung, die beim Belasten des Kristalls entsteht, in derselben Richtung auswirkt. Durch die Diode kann sich die erzeugte Ladung längere Zeit auf E halten.

*) An Stelle des relativ teuren von den Lehrmittelfirmen gelieferten Kristalls kann auch ein Tonabnehmerkristall verwendet werden, der nicht auf Druck, sondern auf Biegung zu beanspruchen ist. (Siehe hierzu "Schröder, Atomphysik in Versuchen", Friedr. Vieweg & Sohn, Braunschweig 1959, S. 101.)

| Meßbeispiel: | Last | 0 | 1 | 2 | 3 Eisenjoche |
|---|---|---|---|---|---|
| | $U_E$ | 90 | 110 | 132 | 157 (V) |

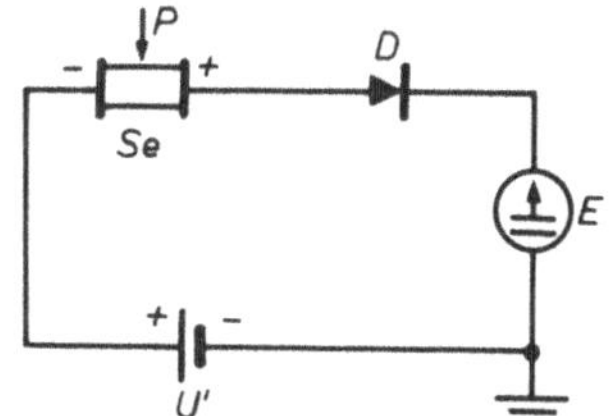


Bild 61
Piezoelektrischer Grundversuch

Man erkennt ein nahezu lineares Ansteigen der Elektrometerspannung mit der Belastung, was der bekannten Deutung des piezoelektrischen Effekts durchaus entspricht (vgl. hierzu "Schröder, Atomphysik in Versuchen", Friedr. Vieweg & Sohn, Braunschweig 1959, S. 99 ff.).

Offen bleibt zunächst die Frage, ob bei der Belastung des Kristalls eine bestimmte Spannung erzeugt wird, die das Elektrometer anzeigt, oder ob eine begrenzte Ladung auftritt. Dies läßt sich leicht entscheiden, indem man dem Elektrometer einen Kondensator von 50 pF parallelschaltet. Eine begrenzte Ladung führt dann zu einem geringeren Ansteigen des Elektrometerausschlages.

## 3.11. Messung der thermischen Geschwindigkeit von Glühelektronen

Schaltskizze: Bild 62

Zubehörteile: G Glühlampe für den Edison-Effekt
C Drehkondensator (1 000 pF)
C' Pufferkondensator (1 000 pF)
R' Widerstand (1...10 GΩ)
$U_0$ Hilfsspannung (etwa 10 V)
S Schalter.

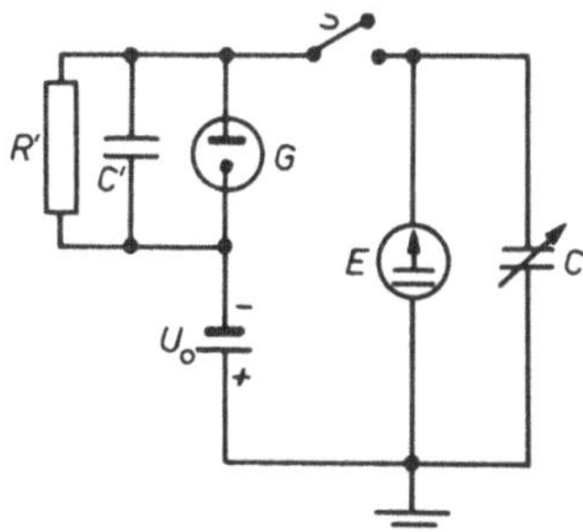


Bild 62
Messung der thermischen Geschwindigkeit von Glühelektronen

Die Elektronen, die in dem Edison-Lämpchen G zu dessen Anode wandern, füllen den Kondensator C' bis zu einem Potential U' auf. Dieses Potential bedingt in G ein Gegenfeld; es stellt sich so ein, daß der Glühelektronenstrom J', der bei diesem Gegenfeld noch besteht, gerade eben über R' wieder abfließt. Es muß also J' = U'/R' sein. Bei geschlossenem Schalter S lädt sich der (zunächst voll eingedrehte) Drehkondensator C auf die Spannung $U_0 + U'$ auf. Die Größe dieser Spannung messen wir, indem wir wie bei Versuch 3.6. den Drehkondensator bei geöffnetem Schalter S ganz ausdrehen.

Auf diese Weise läßt sich der Glühelektronenstrom in Abhängigkeit vom Gegenfeld aufmessen, so daß man die Anfangsgeschwindigkeit der Elektronen beurteilen kann. Da das Verfahren auch kleinste Restströme (bei genügend hohem R') zu messen gestattet, kann auch die Abhängigkeit des Meßergebnisses vom Heizstrom in dem Edison-Lämpchen untersucht werden.

# IV. Schlußbemerkung

Dem Leser wird deutlich geworden sein, daß bei allen Versuchen, die durch das neue Elektrometer möglich werden, der zur Messung selbst gehörende Aufwand an Schaltmitteln äußerst gering ist und daß nirgends der eigentliche physikalische Gehalt verdeckt wird. Alle Versuche zeigen eine Verknüpfung der Begriffe "Spannung, Feld, Ladung, Strom, Widerstand und Kapazität" im Ohmschen und dem Kondensatorgesetz und führen daher leicht zu einem vertieften Wissen um diese grundlegenden Zusammenhänge. Die Schüler können die Versuche entweder nach gegebener Vorschrift ausführen oder bei einiger Übung selbst planen oder das Meßverfahren selbständig abwandeln, um neue Fragen zu beantworten oder um unerwünschte Einflüsse zu beseitigen. Die Aussagen, die die Versuche zur Atomphysik vermitteln, genügen vollauf zu einem schulgemäßen Überblick über dieses Gebiet.

Infolge der Verordnung über den Strahlenschutz sind einige Versuche zur Radioaktivität für Schülerversuche zur Zeit nicht zugelassen. Hier ist es nur möglich, daß der Lehrer diese Versuche in einer Arbeitsgemeinschaft aufstellt - vielleicht denselben Versuch in mehreren Gruppen oder ähnliche Versuche nebeneinander - und diese von Schülergruppen unter Beachtung der vorgeschriebenen Vorsichtsmaßnahmen betrachten läßt. Auf jeden Fall eignen sich alle Versuche als Lehrerversuche bei Klassen- und Prüfungsarbeiten; vor allem deshalb, weil in ihnen

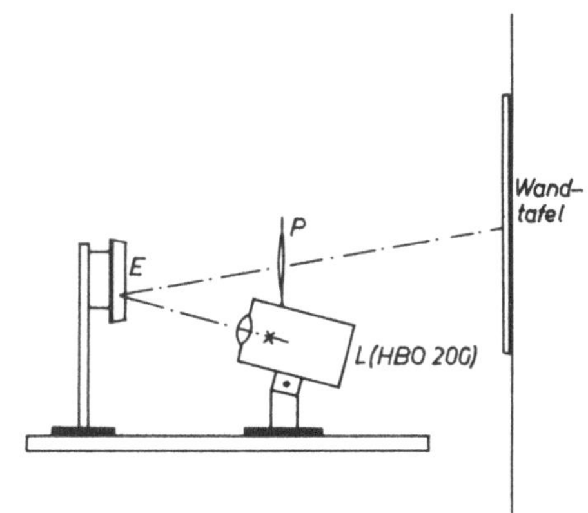


Bild 63
Schematische Anordnung zur indirekten Projektion der Elektrometerskala

aus dem Demonstrationsunterricht bekannte physikalische Vorgänge in neuer Verknüpfung und in vereinfachter Form dargestellt sind und von den Schülern wiedererkannt werden können.

In diesem Zusammenhange sei erwähnt, daß die Skala des Meßinstrumentes auch leicht projiziert werden kann (siehe Bild 63). Man beleuchtet das Instrument E mit einer starken Projektionslampe L, die paralleles Licht erzeugt (z.B. der Quecksilberlampe HBO 200). Mit einer großen Projektionslinse P bildet man die beleuchtete Skala auf eine weiße an der Wandtafel hängende Leinwand ab. Mit dieser Vorrichtung läßt sich das statische Voltmeter auch im Demonstrationsunterricht verwenden.

## Übersicht über die verwendeten Schaltsymbole

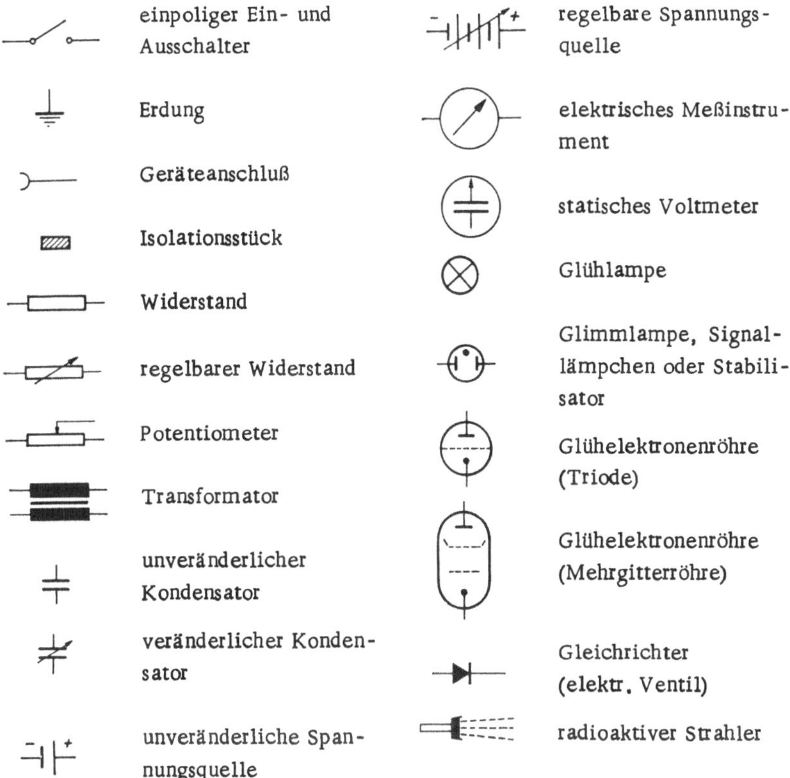


## Die Einheiten für den elektrischen Widerstand und die elektrische Kapazität

Einheiten des elektrischen Widerstands R
1 Ohm (Ω) = 1 $VA^{-1}$ = $10^{-3}$ Kiloohm (kΩ) = $10^{-6}$ Megohm (MΩ) = $10^{-9}$ Gigaohm (GΩ) = $10^{-12}$ Teraohm (TΩ)

Einheiten der Kapazität C
1 Farad (F) = 1 $AsV^{-1}$ = $10^{6}$ Mikrofarad (µF) = $10^{9}$ Nanofarad (nF) = $10^{12}$ Pikofarad (pF)